ボク、ゴン太！

―父と奥山暮らし
朽木針畑郷より
ゴン太通信―

写真・文／榊　始

ボク、ゴン太

ボク、ゴン太。父と2人（匹）で旧朽木《くつき》村（高島市）針畑《はりはた》川沿いの小さな家に住んでいる。前は、母や笑姉とも一緒に大阪に住んでいたのだけど、父がこの家に住むようになったので、僕も連れてきてもらった。だって、父と母は、僕を置いて、お休みになると2人でここに来るのを楽しんでいたんだ。山に行く準備をして朝暗いうちから楽しそうに出て行くのを、怪しい、とは思っていたんだ。初めてゴン太Ⅱ号に乗せてもらって来たとき、謎は解けた。3人で作りかけの家の横にテントを張って泊まったんだ。テントに入れてもらえて、とってもうれしかった。ここが大好きになった。だから、父について来て、よかったと思っている。

＊

1994年9月に、ペットショップで、長女・笑子と一緒に、島根からやってきたゴン太に見染められました。予防接種が終わるまでの間そのペットショップに預けていて、初めて我が家にやってきたのは、その年の12月でした。

朽木・針畑郷

滋賀県高島市朽木は、琵琶湖の北西部に位置する、深山・渓谷の風光美に恵まれた「びわ湖源流・水源の郷」の地域です。北は福井県小浜市、西は京都市左京区、南は大津市と接する。京都から車で1時間弱。大阪からはJR湖西線とバスで2時間余り。面積の90%以上が山地で占められる中山間地で、夏は涼しく、冬は豪雪にみまわれることもしばしば。特に針畑郷は標高が高いため、多い年には道の電線をまたぐことができるほど雪が積もることも。現在は雪が10cm以上積もったら除雪車が出動するため、道がふさがれる心配はありません。裏日本気候地域に分類され、「弁当忘れても傘忘れるな」というほど雨が多く、シトシト降り続く雨は、「朽木しぐれ」と呼ばれています。

ボク、榊始と「朽木小川より」

２００１年正月過ぎ、家と車が雪に埋まってしまわないか、と心配で、山の中の暮らしを始めました。寒い時には氷点下10℃以下まで下がるような地域で（それでも、針畑筋では一番暖かく、雪も少ないほう）、石油ストーブ１つで震えましたが、薪ストーブのマッキーが静岡から到着し、百里庵さんの助けで無事煙突もつけることができ、暖かい冬を過ごせることになりました。ちょうど、向かいの神社の裏山を伐採した時の雑木がそのまま放ってあったのを、地区の方の承諾をもらい、いただくことができ、雪の合間に薪木下ろしに励みます。

ゴン太は、大阪の家で僕の帰りを寒い玄関先で待っているのがかわいそう、という妻の要望にこたえ、僕と一緒に住むことになりました。

山に若葉の映える春・カエルの鳴き声と蛍の夏・すばらしい紅葉とキノコの秋をあっという間にすごし、2回目の冬を迎えた頃、大阪で私的映画情報誌を発行している松尾弁護士から、情報誌に近況を掲載しませんか、とお誘いを受けました。拙文を送りましたが、快く掲載していただき、それで自信がついて大阪の友人・知人に毎月の田舎生活の状況を書き送り始めたのが、「朽木小川より」です。

「ゴン太通信」は、日頃妻と2人で「ゴン太はこう言っているよ。」「きっとこんなふうに思っているよ。」と話しているのをそのままゴン太の言葉で書き始めました。書ける時に書いて、もしくは通信の穴埋めに書いて……ついに50号まで来ました。

目次

ボク、ゴン太

朽木・針畑郷

ボク、榊始と「朽木小川より」

ボク、ゴン太

1 **ゴン太・8歳** …… 12

2 **山にウンザリのゴン太** …… 14

3 **夢見ごこちのゴン太** …… 14

4 **自宅療養中のゴン太** …… 16

5 **強行軍でグッタリ——氷ノ山登山記** …… 18

6 **ライバル現る——風呂嫌いのゴン太** …… 20

7 **今年の秋にチョッと不安——お山はいよいよ秋** …… 22

8 **初めての経験——ゴン太見合いをする** …… 24

小川　犬百景 …… 26

針畑の冬

生杉原生林へ …… 30

庭に、別荘を作る …… 31

9 **とんだ初夢を見た!** …… 32

10 **久々登山におお張り切り——桑谷山登山記** …… 34

11 **僕は名前が気に入っている……迷子のチャッピィ** …… 36

12 **残暑お見舞い申し上げます** …… 38

針畑の秋

13 **ゴン太のフンッ!!** …… 42

針畑秋情景——裏作 …… 44

14 **雪やコンコン、あられやコンコ** …… 46

15 **フン別のついた2匹?** …… 48

16 **ゴン太 vs 恵愛** …… 50

17 **夢うつつ** …… 52

18 **歳のせい?——クーには知られたくない!!** …… 54

19 **誕生日、やっぱり——11歳** …… 56

20 **チョッとした不注意!!!** …… 56

21 **春を待つゴン太——鬼は嫌!!** …… 58

22 **ペロペロ! アイスクリーム大好き** …… 60

23 **連休はたいへん** …… 62

24 **ゴン太 vs 恵愛パート2** …… 64

25 **ようやく** …… 64

母の手術

26 **心配……母が帰ってこない** …… 68

人工股関節 …… 70

退院、ポチたま、そして、158km …… 70
27 母が帰ってきた!! …… 72
28 僕のライバル? …… 74
29 ゴン太Ⅱ号と僕 …… 76
30 また僕の不注意 …… 78
31 ようやく、お誕生日のケーキ …… 80
32 歳のせい、かな …… 82
33 大阪の方が寒い!! …… 84
34 シニア対策? …… 86
針畑の春
春は里から、秋は山から …… 90
35 大阪に帰ったんだ …… 92
36 鏡の初体験 …… 94
37 待ちに待ったお誕生日 …… 95
38 僕の松江動物病院通い——僕はどこも悪くナイ! …… 96
39 ある昼下がり …… 98
ゴン太近況 …… 98
針畑の初夏
DOCUMENTARY 6.20 ——針畑の祭り …… 102
40 僕の夏 …… 104
41 僕のオネエだったのに…… …… 106
42 恵愛の運動会 …… 106
43 マイ・ドライブ …… 108
44 ゴン太も雪が大好き …… 108
45 大阪に帰ったよ …… 110
46 氷ノ山でも寝ていたよ …… 110
47 お誕生日と大阪 …… 112
48 オシメが似合う——僕は嫌だ! …… 112
49 恐怖の一週間! …… 114
老犬に …… 116
50 子供たちと雪と…… …… 117
ゴン太君ありがとう。そして「祝18歳!」 …… 118
51 雪ん子ゴン太 …… 122
寝たきり老犬・ゴン太くんとの奥山田舎暮らし …… 122
最終号 さようなら、ありがとう …… 126
■あとがき
■出版にあたり　北村哲朗

ボク、ゴン太

ゴン太・8歳

02年8月

　この前からはぐれザルがやって来ていて、カボチャや百合根を取っていくので、父が怒っていた。僕がいない時ばかり狙ってくるので、どうしようもない。ところが今朝、ふと気づくと、サルの匂いがしている。小さい声で父に知らせると、父も気づいて起きてきてくれた。外に出ると、母が裏のカボチャのところに発見。父が鹿除けネットを上げて通してくれたので、ウンチとオシッコをしてから出動！

　いつもはネットが邪魔して出て行けないので、サルが途中で「ここまでおいで」と油断している。黙ってそこまで飛んでいくと、ビックリしてまた大急ぎで逃げていった。山の中腹まで追いかけ、「また来たらただじゃおかないゾ!!」と脅しをかけておいた。

　父と母が下から呼んでいる。この山は僕のテリトリーだし、僕は父の声の届かない所へは行かないのに、2人は心配性だから僕が迷子になるのでは、と思っているようだ。まったく……。それなら最初から追いかけさせなければいいのに。

　沢筋に降り、隣の別荘に出たら、父と母が迎えに来てくれた。帰ったら、ご褒美に鳥肉たっぷりの朝ご飯。久々の大仕事だったので、少しくたびれてしまった。

＊

　ゴン太が再三奮闘しましたが、2人（ゴン太と）で3時間ほど外出した間に、カボチャ・トマト・ナス・ブルーベリーは全部採られてしまいました。キュウリはその前に収穫しておいたので、ラッキー！　例の巨大カボチャ第2弾も、40cmほどの大きさになっていましたが、持っていけないので、その場で食い散らかしていました。今度は前の田んぼのお米を狙って集団で川向うをウロウロしています。

　我が家のくも太郎が、サルの襲撃以来、姿が見えません。何かの本で、クモは甘くておいしい、と書いてありましたが、ヒョッとすると、これもやられてしまったのかも……。

山にウンザリのゴン太

02年10月

朽木では秋がどんどん深まっていく。それはいいのだが、そうなると、ジッとしていられないのが父と母。ゴン太Ⅱ号を道脇に寄せて止め、ズカズカと山に入っていく。天気がよくて、道がある所はついて行ってやってもよいが、2人の入るのは本当に山の中で、僕でも滑り落ちてしまいそうなところ。だから、できるだけついて行くのは辞退している。

道があるのでついて行っても、途中で僕を残してまたガサゴソ音を立てながら脇に入っていってしまう。しばらくは座って待っているが、長くなるとたいくつなので「早く帰ってこ～い」と呼んでしまう。

帰って来た時、大きなナイロン袋をぶらさげているときは上機嫌だ。何も持たないときは、ションボリしている。2人で「きのこ」を探しているそうだが、あんな葉っぱや泥がついているもの、どこがおいしいのかなあ??

夢見ごこちのゴン太

02年12月

L.L.Beanから箱が届いた。父が中から大きなクッションを出してきて、僕がいつも使っている階段の下の座布団を片づけてしまった。困ったな、と思ったが、知らんふりをしていると、今度は僕の大好きな父のグリーンのカーディガンをクッションの上に置いた。それなら、そこに寝てもいいや。クッションに乗ってみると、フワフワして、日本男児の僕にはやわらかすぎる。やっぱり、座布団の方が……でも、なんだか気持ちよくなって、ウトウト……グッスリ眠ってしまった。それからは病みつき。夜はクッションを使うようにしている。父も母もこんなに気持ちのいいクッションを全然使わないのはどうしてかな???　おまけに箱の中に入っていた手紙を読んだ父が、僕の寝ている写真をパチパチ撮りまくっている。母が、「写真を送ってくれたら、お店に貼ります」って、お姉さんが言っていた、と教えてくれた。本当に持って行くつもりらしい。まったく、この親バカ……。

4

自宅療養中のゴン太

03年3月

父が朝早く僕を置いて出かけてしまった。怒って待っていると、笑姉を連れてきた。お友達も2人一緒だ。久しぶりの笑姉はチョッとやせたみたいだ。父はお昼御飯を作り、そのあと生杉《おいすぎ》から雲洞谷《うとだに》方面へと、朽木一周ドライブで案内し、最後に京都までお友達を送って行き、お疲れ様だった。

笑姉は夜も一緒で、うれしかった。いっぱいチュチュをした。次の日は、雪の中を一緒に走り回り、（僕はチョッと気をそらした時もあったけど）やっぱり笑姉は大好きだ。

ところで、僕は「交通事故」というものに会ってしまった。外に出ていて、父がもう入ろう、と玄関でリードをはずした時、フィッシングセンターのゲンが走っていったのに気づいた。僕のテリトリーを荒らすのは許せない。大急ぎで追いかけて、後ろから来た車にぶつかってしまった。跳ね飛ばされて、地面にたたきつけられた感じで、起きるとあちこち痛くて、まともに歩けない。怖くてブルブル震えが止まらない。父が心配しているのはわかるが、ベッドに寝たきりで動けない。母も帰ってきて、膝枕をしてくれた。チョッと安心。父が病院へ連れて行ってくれ、「骨折はない。打撲で痛みが強いのでしょう」と、薬をもらってくれた。早く元のように走りまわりたいヨ。

5

強行軍でグッタリ——氷ノ山登山記

03年5月

5月3日、久しぶりの快晴。昨夜の朽木から京都経由養父《やぶ》までの長旅にくたびれ切っていたのに、早朝からゴン太Ⅱ号に僕を乗せ、張り切って出発する。着いたのは氷ノ山《ひょうのせん》国際スキー場にある登山口。僕は小さい時から何度もここに来ているので、知っている。最初の、いつもどろんこの階段の道がしんどいんだ。早く尾根に出たくて、父を引っ張りながら、駆け上がる。

尾根に出て、いつものベンチで一休み。朝御飯を食べていなかったので、母が持ってきてくれていた。山で食べるご飯は格別。ここから少し行ったところにある小さいが急な岩場。初めて登ったときは、子供だったので、これが上がれずに後ろからお尻を押してもらったんだ。忘れたいのに、いつも言われる。ウルサイナ……。

木漏れ陽の中、どんどん歩いていくと、ようやく沢水のある谷。今年はまだ雪が残っていて、「ヤッホー!!」という感じ。雪の上で転がり、暑くなった体を冷やす。沢の水が流れているところだけ溶けてドームのようになっていて、とっても涼しいことを発見。水は嫌だけど、もぐりこんだら気持ちよかった。もう動きたくない。父に引っ張られ、仕方なく再出発。

お日様の照るササの間の道を登りつめると、神大ヒュッテ。ここは、最初来た時はただの山小屋だったが、最近デッキができてゆっくり休める。もうここでいいや、と思ったが、母「せっかく来たんだし、ゴン太も大丈夫みたいだから……」と一言で頂上を目指す。雪と木道を踏みしめ、頂上到着。

山頂は山開きだったため、人＋犬で大混雑。昼食をさっさと済ませ、下山。雪の斜面で父は僕を引っ張りながら尻スキーを楽しんでいた。ふもと近くの林道で、いつものとおり、2人は山菜採りでまた待たされる。

ライバル現る――風呂嫌いのゴン太

03年7月

僕の家の近くに住む犬は、僕とフィッシングセンターのゲンだけだった。ゲンは一度ケンカをしてから僕の家の前は大急ぎで通り過ぎるようになった。この前、松原さんのところの猟犬に耳とお腹をかじられてからよけいに怖がりになったようだ。父と母は、僕もかじられたら大変、と心配してこの頃自由に外を走らせてくれない。去年、下の川合で猟犬に囲まれて、父が助け出してくれたことが一度あったので、ますます心配しているようだ。

ところが、山本さんのお姉ちゃんが、父の日のプレゼントに連れてきた犬が新しく加わった。「クー」という、僕と同じ柴。まだ小さく、僕にまとわりつこうとする。でも、僕は面倒くさい。母が「可愛い!!」といって触りに行くのもしゃくだ。おまけに彼は、一戸立ちの家を作ってもらった。「仲良くしなさい」と言われるが、クーも男の子だし……。

久々に笑姉が来たが、会うなり「ゴン太くさい!!」と言われてしまった。僕には匂わないが父は気になっていたようで、母も夏休みで家にいたので、長い散歩に連れ出され、なんとなくおかしい、と感じていたら、やっぱりいきなりお風呂場に連れ込まれ、半年ぶりに洗われた。母はスッキリした、と喜んでいる。水なんか大嫌いだ!!

*

アユの友釣りの解禁を前にして、針畑川の川刈り普請がありました。今年は、川岸のヨシが生長していなくて、楽でしたが、皆、不思議がっていました。シカが早い時期に新芽を食べつくしたからかもしれません。解禁日にはたくさんの釣り人が押し寄せ、上流で放流もしたようで、結構「釣れた」という話でした。友釣りは、アユの活《いき》餌《え》を泳がせて仲間のアユを誘うのですが、僕のような素人は、餌のアユを新しいうちに買って食べたほうが早いように思います。

アユ釣りが解禁になると、針畑郷も夏本番に。

今年の秋にチョッと不安——お山はいよいよ秋

03年9月

散歩するのも気持ちいい日が続き、父が仕事するときにも、一緒に庭に出ていられるようになった。僕はのんびり家で昼寝をしていたいのだが、どうも父と母がソワソワしている。「次の休みの日はどこへ登ろう」と計画に忙しい。だんだん嫌な予感はしていたのだが……。

ついていったのが、間違いの元だった。いつものように、ゴン太Ⅱ号を林道脇に止め、最初は登山道だったんだ。沢水を飲みながら登っていった。いつものブナ林で脇へそれたのも許せる。僕は道で待っていたんだけど母が「気持ちいい林だから、一緒においで」と連れて行ってくれた。急な坂だが歩きやすいきれいな山だった。

そこを出て、峠まで登りお昼ご飯。そのまま下山しよう、と言っていたのに、やっぱり父と母。チョッと横道にそれ、「ここを降りていったら、どこへ出るかな?」と、進み始めてしまった。最初沢が出てきたとき、「嫌だ」と思ったんだ。父は沢沿いにどんどん降りていく。

後ろからついてくる母が突然「キャー!!」と叫んだ。小さな深みにはまってしまい、お尻まで濡れて、半泣きになっている。僕だって、こんな沢続きはごめんだ。でも、結構降りてきていたので、そのまま進むことに。大きなミズナラの木が、枯れているのを見て、父が「虫がついて、立ち枯れしている」と教えてくれた。

結局、遠回りの山道に出てきた。僕は沢渡りばかりで腹が立ってきた。父と母が話しかけても返事してやらない。無視してひたすら先を急ぐ。いつもは父に抱っこしてもらう沢だって平気だ。とにかく、早くゴン太Ⅱ号に戻りたい。くたくたになってたどり着いた時は、本当に「バンザイ」だった。これからしばらくの間は、恐怖の登山が続くのだろうか。

*

表紙の写真は、この時僕たちが座った大木の枝に2回滑り落ちてようやく飛び乗れ、自慢げなゴン太です。鶴見緑地の散歩でも、木の椅子に飛び乗るのが大好きなゴン太でした。

初めての経験――ゴン太見合いをする

03年11月

初めてのお客さんが2人やってきた。僕たちは、お客さん大好きだから、大喜び。次にまた電話があったとき、母は「ぜひ、お待ちしています」なんて言っていた。

車が着いて、この前のお客さんと、お姉ちゃんが一緒にやってきた。そして!! 僕と同じ柴犬の女の子が1匹（僕好みの美人さん）……！ そ〜っと近寄って、そ〜っと匂いを嗅いだ。チョッといい匂い。もうチョッと近づく。彼女はじーっとしている。もうチョッと匂いを嗅ぐ。また近づく。彼女がちょこっと後ずさり。もっと近づく。すっと体をよけられる。僕は遊びたいのだけど、どうやって仲良くなればいいのか、わからない。どうしよう。父は笑って見ている。

帰る前、向こうのお父さんが、僕をなでてくれた。そのとたん、彼女が僕にカプリ!! やられてしまった。彼女は、とってもやきもち焼きのお嬢さんだそう。ひょっとして、僕は嫌われてしまったのかな？ 誰か、お付き合いの仕方を教えてくれないかな〜。

（数日後、ココちゃんから、ゴン太へ「おうちに遊びに来て下さい」というFaxが届きました。父大喜び）

＊

10月はまったくと言っていいほど、キノコは姿を見ませんでしたが、11月に入ってから、なんとかナラタケ・クリタケ・ヒラタケ・ムキタケなどが見られるようになりました。嬉しかったのは、初めてブナシメジを見つけたこと。10cm以上の傘が重なり合うように開き、傘の頂上に亀甲模様がうっすらと入っています。その日は、ヤマブシタケも見つけました。白い10cmぐらいのボンボリ型でした。もうひとつ嬉しかったのは、昨年小さすぎて採るにしのびなかったナメコが大きく傘を開いて群生していたところを見つけたことです。おまけに、傘の裏が針状になっていていい香りのするブナハリタケの群生まで見つけました。

朽木小川に暮らし出して、秋の味覚の「きのこ狩り」を覚えました。毒キノコも多いので、注意も必要なのですが、奥山の秋の楽しみの一つです。

小川　犬百景

＊ゴン太は、何を思ったか、急に毛が抜け始め、ふわふわで薄手の夏毛に変身してしまいました。10月頃から薪ストーブのマッキーに火を入れ、家の中が暖かかったので、季節を勘違いしたようです。初雪の中を走り回って、間違いに気づき、ようやく硬い冬毛が出てきました。

＊山本クーちゃんが、立派なログハウス・テラス付きの家を作ってもらいました。ゴン太と散歩に行った妻がうらやましがっています。クーちゃんは、時々逃げ出してゴン太の家に「遊ぼう！」とやってきます。でも、男の子同士で、喧嘩になりそうなので、家まで送り届けています。

＊クーちゃんが遊びに来るのはいいのですが、猟犬が2匹でうろうろと迷い込んで来ました。ゴン太に気がつかれないように家を出て追い返しました。ゴン太もそろそろ年なので、猟犬に狙われないか心配です。

＊ゲンは、やっぱり暗くなる頃、下のフィッシングセンターへ散歩します。我が家の前だけは猛スピードで突進し、逃げて行きますが、その頃になると窓辺で見張っているゴン太は見逃しません。大声で怒って追いかけようと、家中走り回ります。ゲンの姿が見えなくなってから、家から出してやり、思い切り走らせて、ストレス解消させています。

＊（番外編）百里庵のモン君は、年とともに鼻炎が慢性化し、この頃鼻詰まりで困っています。久々「鼻たれ小僧」を見ました。でも、喧嘩では、まだまだ若い者には負けません。

＊ゴン太は、「春になったら、北小松のココちゃんに会いに行こう!!」と決心しているようです。

＊

山本クーちゃん、今10歳で元気に過ごしています。フィッシングセンターのゲン君、百里庵のモン君はすでに虹の橋を渡りました。

針畑の冬

生杉原生林へ

大阪の方たちとのスノーシュー・ハイクの一日。

今季、初めてのスノーシューの案内に出かけました。場所は、針畑郷・生杉から地蔵峠、そして芦生《あしう》の森までの予定でした。今回も、到着時間と帰る時間（てんくうで入浴）を考えると、この行程は少し無理があります。今回の参加者10人。そこで、楽しいハイクに変更、「行ける所まで行き、帰る」に。

生杉の集落はずれで、スノーシューを履き、目指すは生杉原生林です。5分ぐらい歩いたところで、沢で水を飲んでいた雄シカに遭遇。ビックリしたシカが目の前を横切り、いきなり野生の王国。前日の湿雪で重い足取りでしたが、お昼過ぎに生杉原生林に着き、雪に埋もれた休憩所でお昼ご飯とお茶タイム。積雪の多さに皆さん感動していました。腹ごしらえをして、あと少し登ります。

ところが、ゲート（埋もれていましたが）より先には、ここ1週間だれも地蔵峠に登らなかったみたいで、それまであった踏み跡がなく、新雪状態。皆で足跡つけを楽しんでの登りです。冬芽の観察や雪の造形を楽しみながら、生杉に戻って来たのは3時半です。地蔵峠・芦生の森までは行けませんでしたが、楽しい一日。風もなく、薄日差す天候でしたが、帰る頃には吹雪いてきました。

朝から一日ゴン太を残して出たので部屋の中が心配でしたが、ティシュを箱から引っ張りだして遊んだぐらいで、お留守番できたみたいです。

庭に、別荘を作る

一日中青空。朝から屋根に上がって雪下ろしをしました。写真は彦坂さん宅の雪下ろしをしているところです。彦坂さん宅は2階建てなので、雪下ろしにも危険がともないます。作業をしているのは、朽木大野にある喫茶店「樹里」のマスターです。朽木の中尾工業のアルバイトとのこと。我が家は平屋なのでさほど高くないのですが、屋根の上に立つと……いい眺め。

お昼までには雪下ろしも終わりました。落とした雪の利用法はと思い……書斎を作ろうと思い立ち、早速実行。「かまくら」の作り方を参考に汗だくの作業です。完成……明日からここで「迷想」でも……。

一日の肉体労働で節々が痛い。アロマオイルを入れ、ゆっくりとお風呂タイム。小正月は、かまくらで楽しもうと思っています。

9

とんだ初夢を見た！

04年1月

猟期なので、雪が積もった後の天気のいい日は、猟犬が山に放される。父が心配そうに外を見ているのは知っていた。5匹ほど犬が僕の家の庭に来ていた。僕は前、犬に囲まれたときのことをチョッとだけ思い出したので、父と声を出さないで見ていたんだ。その何日か後、クーちゃんの家の前まで散歩に行った時、クーちゃんは、父に喜んで飛びつこうとするのだけど、声が出ていない。アレッと思った。

その夜、僕は、お手紙を書いている。「クーちゃん、僕の家に入れてあげるよ。父と遊んでもいいよ。ゲン君、追っかけないから、僕の家の前もゆっくり通っていいよ。だから、今度、一緒に猟犬に一泡吹かせようよ。応援に、モン太君と、きっと一番強くて力持ちのモモちゃんも呼ぼうよ。ゲン君の子供も連れてきてくれたらいいな。みんなで鉢巻を巻いて、エイ・エイ・オー!って頑張ろうよ。」みんな、集まってくれるだろうか？　フニャフニャ〜〜……。

父と母が、「ゴン太が寝言、言ってるよ」と、ロフトで笑っているのが聞こえた。なんだ、夢か。

次の日、車を追いかけて、見たことのあるような犬が猛スピードで走っている。そして、「ワン！　ワン！　ワン！」と怒鳴って意気揚揚と帰っていった。見ていた父が、「クーちゃん、声が出た！」と、嬉しそうに母に教えていた。父も心配していたんだ。

10

久々登山におお張り切り——桑谷山登山記

04年3月

久しぶりにお山に登った。ゴン太Ⅱ号で能見峠まで登って、僕がまずウンチをしてから、出発した。朝早くから父がオニギリを作って、「どこにする？」とか相談していたから、きっとどこかに登るんだ、と思っていたんだ。ヤッパリ。

家を出たときは、少し寒そうだったけど、登り始めると、青空がとってもきれいだ。まだ木には葉っぱが出てきていない。父が、「ほら、タムシバの花芽がこんなにふくらんでいる」と、母に教えている。どこからか「ホーホケキョ」と声がする。今年一番のウグイスの鳴き声。それを聞きながら僕と父は、元気に先を行く。母は足が遅いから、トボトボとついて来ているが、ウグイスはどこにいるのかな……なんてキョロキョロするから、少しすると、すぐ見えなくなる。仕方ないから、いいかげん登ったところで一休みして待つ。関電の鉄柱のあるところで待っているときは、ポカポカと陽がさしてあったかい。「イワカガミの蕾もこんなにふくらんでいる」と父は写真を撮るのに夢中だ。

途中から時々雪が残っていて、のどをうるおしたり、体をこすりつけて冷やしたりできる。だからこの時期のお山は好きなんだ。だんだん雪が多くなってきて、「スパッツがいったかな……」と父が心配したけど、まだ硬く凍っているようなので、雪の上を歩いてもヘッチャラ。母も雪の上をジョリジョリして楽しそう。

てっぺんが近くなると、右側の斜面の木が少なくなって、ますます陽がさして明るい。

頂上（桑谷《くわたに》山　924・9m。京都府で9番目に高い山）に着いて、横に張り出した木の幹に2人座ってオニギリを食べている。氷ノ山に登るときは、チーズなんか持ってきてくれるのに、今日は何もなかった。チョッと不満。

帰りは、父とどんどん降りていく。でも、時々僕を置いてタムシバの蕾がついている枝をもらいに木の間に入っていく。その間に母が追いついてくる。道すがらにたくさんのタムシバの木があるので、もう少ししたら白い塊がいっぱい山を覆うだろう。

僕は名前が気に入っている……迷子のチャッピィ

04年5月

僕はゴン太Ⅱ号に乗って父についていくのが大好き。置いていかれるのはとっても悲しい。だからその日も、父の会議についていったんだ。いつものように、車の窓を少し開けてくれていた。

いつもはゆっくり眠って待つのだけど、少し暑かったんだ。ふと気づくと、近くに止めてある車の窓が大きく開いていて、中から僕の倍ほどありそうな犬がノッソリと出て行った。迷子になったらたいへんだよ、とチョッと心配した。

父が帰ってきたが、一緒に来た人が、「チャッピィがいない！　奥さんに怒られる！」と、探し始めた。父も、他の人たちも一緒に探し始めたが、父は、車の下やベンチの下などを探していて、近くの公園で、さっきの犬を見かけても気づかない。その子だよ、って思ったんだけど……。結局、飼い主がその子を発見した。

父はあとで、「もっと小さい犬かと思っていた。日本犬であんな大きな犬にチャッピィなんてかわいい名前つけているから、わからないよなあ」と、勝手に小さい犬と決めていたことを棚に上げてぼやいていた。僕はゴン太でよかった、と思ったんだ。

12

残暑お見舞い申し上げます

04年7月

暑い毎日が続いて、僕はチョッと夏バテ気味。いつもは置いていかれるのは絶対嫌なのだが、車の中は暑いし、用があったら父はなかなか帰って来ないし、で最近はついていくのは遠慮して涼しい我が家でお留守番をすることにしている。父は僕1人（匹）を残して窓を開けたままにしていくのは心配のようだが、大丈夫!! チャンと番犬の役割は果たすつもりだ。（残念ながら、そういう機会はまだ訪れていない。）母のお迎えは、夕方涼しくなってからなのでついて行くが、お見送りは、1日母のお付き合いをした後なのでもうクタクタ、でこれも辞退させてもらっている。母はチョッとご不満の様子だけどかまわない。

笑姉に赤ちゃんができるそうだが、まだ出てこない。大玉のスイカをおなかに入れているようだ、と母が言っていた。笑姉は母に似てのんびりしているから、母も「1週間ぐらいは延びるんじゃないかな……」と心配していない。赤ちゃんもきっとのんびりしているんだ。僕は赤ちゃんと仲よくできるかなあ～……?!

父は、「おじいちゃん」は絶対イヤ!! というので、母が、「スタート」君と、「ハル」さんにする?としかたなく提案している。ウ～～ム??

＊

追記：ゴン太からこの原稿をもらってから3日後に赤ちゃんは出てきました。ゴン太の子供もほしいな……。しかし、今年9月でゴン太・10歳。（父）

針畑の秋

13

ゴン太のフンッ!!

04年9月

まだ夏バテが治りきらない。涼しい時間には散歩もできるが、暑くなる日中のドライブは身体にこたえる今日この頃。つい、車の中でも居眠りをするようになった。母を送った帰りには、爆酔する。

榊家に来て10年。みんなゴン太、ゴン太と言うが、本当は、「出雲の栄作号」という立派な名前があるんだ。母親は、日本で3位になったこともある、と血統書には書いてあったそうだ。ところが父は、その血統の登録もしていなくて、僕はゴン太になった。

9月15日は、僕の誕生日。今年は、10歳の大台に乗る記念すべき日だった。生クリームケーキかな、焼肉かな、と楽しみにしていたが、一日終わっても何も出ない??

18日、迎えに行ったとき、「アッ！ ゴン太の誕生日!! 過ぎてしまった」と思い出した父。ようやく生クリームケーキ!と思ったが、「年なんだから、生クリームは身体に悪いでしょう。牛肉もいつも下痢するしね……」の母の一言で夢ははかなく消え去った。フンッ!!

榊家にやって来た頃のボク

針畑秋情景——裏作

　裏のカキの木、去年はサルも食べきれないくらい生っていたカキですが、今年は数個、その数個も早々とサルが食べてしまいました。小川のカキの木、どこの木を見てもあまり生っていません。生ったカキも我が家と同じようにサルが来て食べてしまったみたいです。

　お昼前にゴン太を乗せて小入谷まで上がってみました。途中の朽木桑原《くわばら》、県道から川向こうを見るとカキが枝いっぱいについています。たぶん渋ガキでしょうが見事です。思わず車を止めて写真を撮りました。カキの木に夜な夜なクマが登って「ボリボリ」食べるので、その対策に実が熟す前に枝ごと切ったという話を聞いたことがあります。今年のお山は木の実が不作です。先日も能家《のうげ》で子供連れのクマが目撃されたそうです。今年は頻繁に下りてくるのでしょうか。

　小入《おにゅう》峠への林道を少し走って、河原でゴン太を散歩させます。コナラの雑木林もまだ紅葉には少し早く乾いた森でした。河原で流木探しをして遊んでからお山を下りました。

　お昼は、とりスキヤキを作ります。ゴン太、こんな時は匂いに敏感なので……作っている横でオッチンしておすそ分けを待っていました。

　先週からマウスの調子が悪く、反応したりしなかったりと騙し騙し使っていたのですが、ついに反応しなくなりました。マウスでの操作に慣れているので壊れると不便です。J電機へと車を走らせたのですが、梅ノ木まで来て「安曇《あど》川《がわ》のJか堅田《かたた》か……」、結局、品揃えを考えて堅田へ。時間的には安曇川に出るにも堅田に出るにも同じくらいなのですが。

　小長谷さんが「マウス変えるなら線なしが便利だよ」とマウスを持ってきて見せてくれていたので、線なしを捜しました。売り場に行くと値段がまちまちです、高いのは６０００円近く、安くても３５００円ぐらいです、線つきは１５００円ぐらいからありましたが。中を取って４７００円の線なしマウスを買いました。線がない分操作がしやすい。

　北風が吹く時雨空でしたが時雨れず夕方には天気も回復、そろそろマッキーに火を入れたくなる一日でした。

14

雪やコンコン、あられやコンコ

04年12月

寒くなってきたけど、僕のおうちは、父がマーキーに火を入れてくれるととっても暖かい。いつもマーキーの横に寝に行くんだ。だから僕とマーキーは大のお友達。

マーキーは、父が作る薪《まき》がご飯。いっぱい食べてお部屋を暖かくしてほしい。父と母は、いつもその薪になる木を探している。道沿いに切った木があるのを見たりすると、「あの木、ほしいね。誰に言ったらもらえるかしら……」と話している。

ダムができる予定になっている木地山《きじやま》というところは、切った木がいっぱい放ってある。父は、ダム事務所に「あの木、ください」と頼みに行って、「あそこなら取ってもいいよ」と許可をもらっている。だから時々はるばると行くんだ（木地山は、朽木の向こう側だからとっても遠いんだ）。この前なんか、小さな雨が降っている中、斜面に倒れている大きな木を、チェーンソーで切りながら引っ張りおろした。あんまり大きいので、ロープをゴン太Ⅱ号に結んで引っ張っていた。

僕は、雨の中出て行くのが嫌なので、車の中から「がんばれ！　がんばれ！」と大声を張り上げていたのだけど、父は、「ゴン太、うるさい」とわかってくれない。細い木を引っ張り下ろしていた母に、「見てやって」と言っている。大声で吠えていたので、チョッとウンチがしたくなっていてちょうどよかった。父と母はこうやって苦労して薪を手に入れている。僕ん家は山の中なのに……？

追伸：先日、平田さん家の甲斐犬のちびちゃんが遊びに来た。父から聞いた話では、ちびちゃんもストーブに火を入れると、毛がくっつきそうになるぐらいのところで寝ているそうだ。寒がりは僕だけではなかった。

15

フン別のついた2匹？

05年1月

　小長谷さんが去年作っていたお家に夕食を食べに、父と母が行った。いつものとおり、僕はⅡ号の中でお留守番。僕のおうちよりもここの雪はすごかった。家に帰った時、以前はすぐおうちに入ったのだが、この頃少し散歩することにしている。夜遅いし、猟犬もいないだろう、と父が庭でひさしぶりにリードを放してくれた。母が「おうちに入ろう」と誘っているが、僕はなんとなく気になって、道のほうに出て待っていたんだ。しばらくすると、ヤッパリ!! 向こうからノソノソと、黒い犬がやってきた。ゲンだ。ゲンも気づいて、ウ～と言いながら、ゆっくりと近づいてきた。でも、よく見ると、尾っぽが下がっていて、ピョコピョコ左右に振っている。以前、けんかした時とチョッとようすが違う。ウ～と言いながらも、ゲンは固まってしまった。

　僕はゆっくり近づき、くんくん匂いをかいだ。父が気づいて、近くで「ゴン太、おうちに入りなさい！」と言っているが、ここで引いたら男がすたる。母は、「チョッとようすを見ていましょう。いつもならとっくに取っ組み合いを始めているもの」と言っている。構わないで、鼻をつき合わせてみた。ゲンは、ウ～というが、腰がだんだん引けている。僕は黙って、匂いをかぎながら、ゲンの後ろに回った。ゲンはやっぱり固まって動かない。だんだんゲンは後ずさりを始めた。僕はゆっくり後を追ったが、ゲンはゆっくりと下に向かってトボトボとシッポを下げて歩いていった。チョッとだけ追いかけたが、その時、父が「ゴン太、おいで」と声をかけてくれたので、父の所に戻った。チョッといい気分。母が、「意気揚々としているね」と笑っている。

　おうちに入ると父が「けんかをしなかったご褒美だよ」と、チーズをくれた。マッキーの横でゴロンとすると、母が「2匹とも、年取ったのかしらね。フン別ついて」と言っているのが聞こえたが、めんどくさいので、否定しなかった。フン!!

16

ゴン太 vs 恵愛

05年3月

恵愛が僕のお家にやってきた!!　父が1人でゴン太Ⅱ号に乗って行ってしまったんだ。母がいるから、一緒に待っていたんだ。昨日、京都に迎えに行ったら、温泉に連れて行け、と母。だからずーっとゴン太Ⅱ号に乗りっぱなしで疲れていたから、お家で待っていてもいいや、と思ったんだ。

　帰ってきた車には、父と一緒にひさびさの笑姉と、抱っこされている恵愛が乗っていた。一瞬、どうしよう、と思ったんだ。しばらくお風呂にも入っていないし……。恵愛は、父が抱っこした途端、「ギャ〜〜」と泣き始めた。大急ぎで母が受け取るが、やっぱり泣き止まない。僕は、「泣いたらだめだよ」と、あんよとおててをなめなめしてあげた。恵愛は、こっちを見て、泣き止んだ。そーーっと手を出して、僕の鼻やお耳をさわりに来た。笑姉が、「恵愛、おめめはさわったらだめよ」と言っている。

　いつも、お家の中では、僕は自由なのに、その日は、リードがつけられていて、自由に恵愛のところに行けない。父たちは、僕が恵愛を噛んだりしないか、心配しているんだ。僕はお兄ちゃんだから、そんな意地悪しないのに。だから、「遊ぼう!!」と言って誘ってやった。恵愛もハイハイで僕のところに来ようとしているが、母に連れ戻されて来れなかった。

　恵愛は、やわらかいご飯を少ししか食べられない。母が豆腐や菜っ葉をお口に入れてあげていた。自分ではまだ食べられないんだ。あとでミルクをいっぱいもらっていた。

　次の日、母と一緒に帰るので、送っていったが、やっぱりその後ドッと疲れてしまった。父も一緒のようだった。今回は引き分けだったかな？

夢うつつ

05年5月

　春眠暁を覚えず、というけど、僕は初夏になっても、眠くて仕方ない。特に5月は連休もあり、母もよく家に帰って来たので、よけいに疲れた。父も疲れのせいか、貧血でクラクラとなった、と言っている。その時、僕は下でスヤスヤ寝ていた、と父は言っているが、僕は犬感で、たいしたことないとわかっていたから、何も言わなかったんだ。

　僕の食生活は、父が管理していて、いつもきっちり食べているから大丈夫。「眠いのは年のせい?」と父は言う。たしかに、眠くなっているかな。でも、僕はまだまだ年じゃない!!　母は、「小さい時から、ゴン太はいつも寝ていたよ。だって、することがないじゃない」と言う。父は、「それはそうだ。誰もいなくなったら、やれやれ、と冷蔵庫からビールとチーズを出してきて、クーちゃんを呼んで宴会、なんてやってたら困るよな」。そんなことはないゾ。ちゃんとお留守番、していた!!

　ゴン太Ⅱ号でお出かけした時は、待っている間、座席でスヤスヤ。お家では、以前は犬らしく寝ていたが、最近はくつろぎスタイルになっているので、ストーブの横で寝ていると、父がこっそり激写している。本当はクーには見せたくないから、やめてほしい。犬肖像権の侵害だと僕は思う。とにかくお家やゴン太Ⅱ号でぐっすり眠れるのが僕の一番の楽しみ。

18

歳のせい？——クーには知られたくない!!

05年7月

最近、父は「忙しい、忙しい」と言って車であちこち出かけていく。ひどい時には夜になってからも出かけることがある。家にいるかと思えば、すぐに草刈機を持ち出してヴィーンとうならせている。どうなってんだろう？　そういえば、母を迎えに行くと、いつも『高島市のエコミュージアム』がどうのこうの」「『まちづくり協議会』がなんとかかんとか」と一生懸命お話している。大忙しはわかるけど、もう若くはないんだから、無理しないでね。

ところで、僕があまりご飯を食べないので、父が奮発して牛肉のご飯をいっぱい買ってくれた。早速大喜びで食べたんだけど……やっぱり僕のお腹は牛肉と相性が悪いらしい。１日目は夜中にグルグル走っているのを父が気づいてくれて間に合ったんだけど、次の日は、お留守番で１人だったので……。帰ってきた父は、怒らずに後始末してくれていた。

結局、山本クーちゃんに残った缶詰は食べてもらうことになった。クーちゃんもやっぱり食欲が落ちている、と山本さんは心配している。

クーちゃんのお姉ちゃんは、「暑いし、体重は変わってないし……。大丈夫!!」と言っている。母みたいだ。

父は、僕の10歳の誕生日からドッグフードをシニア用に変えている。やっぱり、僕の安心して食べられる好物は、生協のソーセージとベビーチーズかな？

19

誕生日、やっぱり—11歳

05年9月

外は昨夜から雨。台風14号が近づいている、と父と母が騒いでいる。僕はそんなことおかまいなしにゆっくりと朝寝を決め込む。いつもの場所でゴロンと上向きにグッスリだったのに、なんだか頭の方が騒がしい。薄目を開けてみると、父がシャッターを押しまくり、母が心配そうにのぞき込んでいる。「ゴン太が全然動かないから、心配したね」と母。シマッタ。そんなに寝込んでいるつもりはなかったんだけどなぁ……。

この前、ゴン太Ⅱ号に乗っているとき、父が「もう9月に入ったから、今年はケーキを忘れないようにネ」と母に言っていた。僕はそれをチャンと覚えている。だって、毎日、家の床に日記をつけているもの。母は「ゴン太、床をかいたらダメー!」とロフトから怒るけど……。

母はやっぱりケーキを忘れて来た。父に「仕方ない。ソーセージでごまかそう」。そんなんじゃだまされないゾ!!と心に決めていたのに、ソーセージ……食べてしまった。おいしかった。

20

チョッとした不注意!!!

05年11月

秋になったら、いつも父と母は一緒にお山に入っていたのに、今年は母の帰ってくるのがバラバラでおまけに真夜中になることもある。お山にも入れない。仕方ないので、父が1人で見に行っている。僕も時々お供するが、Ⅱ号で昼寝しながらお留守番の方がいいや。

母が僕のことを「太ったからしっかりお散歩させて」と父に言っている。失礼な!!「クーちゃんは、スリムで足も長くてかっこいいよ」と、比べないでほしい。向こうはまだ子供なのに……。でも、お山に行ったら、チョッと重くて登りにくかったかも。少し反省して、お散歩には行くようにした。もうすぐ雪が降る、と父が言っている。雪は大好き。早く降らないかな。

夜遅く母を迎えに行き、帰ってきた時に、チョッと田んぼの畦を散歩して、石に鼻先をぶつけて、上唇の皮がむけてしまった。隠していたのに、父がわざわざ写真に撮り、ホームページの日記に書き込んでしまった。僕のプライバシーを公表するのはやめてほしい。痛かったのに……。ほんとに迷惑な話だ。

21

春を待つゴン太――鬼は嫌!!

06年1月

去年は、僕、何にも知らないから、父が僕にお面をかぶせて、「鬼は内！　福も内！」と豆まきをしたんだ。お豆が当たってチョッと痛かった。だから、今年、父がお面をつけようとした時、「僕、嫌だ!!」って、逃げたんだ。それでもつけようとするから、お面を取って、メチャメチャに壊してやった。父は、「鬼退治だね」と笑っている。結局、鬼の役がいないので、母が、「福は内、鬼も内」と言いながら、やっぱり僕にお豆を投げつけた。でも、母のはそーーっとだから、痛くなかったよ。

「年の数だけお豆を食べるんだよ。ゴン太は12個」と、父が言うが、僕はお豆は好きじゃない。コロコロと逃げるし、食べられない。父は、「50個も食べたら、お腹が変にいっぱいになった」とぶつぶつ言っている。母だけ、「懐かしい味で、結構おいしい」と、後までこっそり少しずつ食べていた。

春一番のザゼンソウが咲いている、と父がどこかで読んで、早速見に行った。「真ん中の黄色い所まで開いていない」と母。小川はまだまだ雪でいっぱいだけど、春は少しずつやってきているんだろうな。

22

ペロペロ！　アイスクリーム大好き

06年3月

寒い3月で、父が「薪がなくなってきた」と、少ししかマッキーに木を入れないからますます寒い。ところで、マッキーは前は「マーキー」って言っていたのに、お口を中が見えるように父が変えて、それから「マッキー」なんだって。変なの。

　母が来た時には、「大盤振る舞いだ！」って、いっぱいマッキーに食べさせるから、暑いぐらい。母は寒がりだから、喜んでいる。2人の会話はいつも、「寒いね」で始まる。雪がまだ降ることがあるから、父は「もう、えーっちゅうねん」と母に言っている。僕は、雪、大好きだから、もっと降ってもいいよ、って思うんだけど、寒いのはチョッと嫌かな。

　母は、また「忙しい」と、1日だけ帰ったりして、送り迎えするのは、本当に迷惑だ。でも、時々、途中のお店でアイスクリームを買ってくれるのはうれしい。母が食べるのを半分もらうんだけど、冷たくって甘くって、クリームがとろけておいしい。お迎えについてきてよかった。って、本当に思うんだ。でも、周りのゴワゴワした「モナカ」っていうのは苦手。そこだけ残して、次の日父に嫌がられた。母は、「あんまり食べさせたら、また太るから」と、少しずつしかなめさせてくれない。思いっきり食べてみたいな。

23

連休はたいへん

06年5月

母が、「連休だ」と言って、騒いでいた。チョッと恐怖?と思っていたら、やっぱり、ず〜っと帰らないで、あちこちに連れまわされた。とにかく、最初は養父まで。天気がよかったので、美山《みやま》周りだった。時々、父が写真を撮ったり、僕がくたびれないように、って休んでくれた。お水も持っていて、途中で飲ませてくれた。夕方、到着。僕はすぐに父と土手の散歩。母は、おじいちゃんが水やりをしている畑で、アスパラガスを収穫して喜んでいた。

次の日は雨。いつもは氷ノ山に行くのだけど、さすがに「やめとこう」で、おじいちゃんが「コウノトリを見に行ったら」。僕はⅡ号でお昼寝していたけど、見てきた2人は、「大きかったね。飛んだらいいね」と言っている。僕は、カモさんなら捕まえたいと思うけど、コウノトリはチョッと大きすぎるかな。そういえば、笑姉に、また赤ちゃんができたそうだ。大阪にもコウノトリは飛んでいったんだろうか。

帰りは、雨の中、今度は舞鶴から海沿いを走る。2人の狙いは舞鶴の魚屋さん。でも、その魚屋さんはなくなっていた。2人ともガッカリしていたが、少し先で、新しい大きなお店に寄って、「地元の新鮮な魚を売っていた」と、大喜びして帰ってきた。お魚大好きの父と母だ。僕は一緒に買っていたお肉が気になるのだけど……。

朽木に帰ってからも、マキノだ、今津だ、とあちこち走り回り、6つ寝て京都まで送って行った時には本当にホッとした。

24 ゴン太 vs 恵愛パート2

06年7月

父は朝から忙しそうに出かけていった。暑いので、僕はお留守番。暗くなってから帰ってきた音がする。いつものお迎えグルグルをしていたら、父が「ゴン太、おいで」とお散歩に連れ出した。その時、Ⅱ号から母と笑姉と……ちっちゃな恵愛が下りてきた。母は、すぐに一緒にお散歩に行ってくれた。帰ると、僕はそのままⅡ号に乗せられた。ご飯とお水を持ってきて、「ゴン太、お休み」……これじゃ、せっかく笑姉が来ているのに遊べない。プンプン!!

一晩グッスリ眠り、朝の散歩はみんなで一緒。ヨチヨチ歩いたり走ったりする恵愛も気になるけど、オシッコはしておかないと……。ようやくお家に入れてもらった、と思ったら笑姉たちは「ゴン太、バイバイ」とⅡ号で出て行ってしまった。やっぱり、ゆっくり遊べなかった……。

雨ばっかり降っている。僕のお家は、窓が大きいので、お外が僕にもよく見える。お散歩、行こうと言われても、雨降りじゃイヤだ。暑い時間も、歩くと足の裏が暑くて痛いからイヤだ。小さい時の、鶴見緑地の夏の散歩はイヤだったんだ。この頃、僕をお散歩に誘い出すのに、父たちはチーズやソーセージを入り口の部屋に置いて、僕が食べている間に戸を閉めて逃げられないようにして、リードをつけている。だから、お散歩、行きたくない時は、絶対食べに行かないんだ。

25 ようやく

06年9月

お迎えに行ったとき、父が「そこで買ってきたら」、母は「すっかり忘れてた」と走って行って小さな箱を持って帰ってきた。父は「ショートケーキのようなケーキを買ったらよかったのに」と言っている。母は、「果物が入っていたら、ゴン太は食べないから」と言い訳していた。何だろう？　帰るとすぐに、「ゴン太、お誕生日、おめでとう」と箱から出したのはシュークリーム。ご飯入れに入れてくれた。「シューは残すかもしれない。最中は食べなかったから」と母は言っている。でも!!　とってもおいしくて、ペロリ!!と食べてしまった。父が食べかけていた分を半分僕にくれた。母は2回も僕の誕生日を忘れていて、今度も忘れかけていたけど、父はちゃんと憶えていてくれた。うれしかった。

母の手術

26

心配……母が帰ってこない

06年11月

大阪に行った。母も一緒にゴン太Ⅱ号で行った。こんなこと、久しぶり。まず笑姉のところに寄って、父がお米だけ置いてくる。笑姉は、赤ちゃんができたから、まだ病院なんだって。夕方家に着いて、お散歩して。

次の日、母が起きてきてすぐにお散歩。以前行っていた幼稚園の方をぐるっと回ってくるコース。帰ると父も起きていた。それから母がかばんを取り出して、荷物を詰めている。アレッ？　どこかに行くんだろうか？　ゴン太Ⅱ号に荷物を乗っけて、出かけていった。

夜遅く、父だけ帰ってきた。くたびれているようだ。次の日もその次の日も父は出て行った。僕も乗せてもらってお出かけ。大きな建物の近くまで行って、川の側をいっぱい散歩した。気持ちよかった。父は建物の中に入っていってしばらく出てこない。ゴン太Ⅱ号と一緒だから、僕は大丈夫。その次の日は朝早く出かけて、夕方帰って来た。疲れているようだ。

父はどんどん疲れていく。大丈夫？　と思った頃、朽木のお家に帰った。でも、またその後、大阪のおうちに。今度は一つ寝ただけ。

朽木で待っているけど、母が全然帰ってこない。いつもだったら、「お迎えに来て」の電話が入るのに、それも全然かからない。父はいつものように、忙しそうにしているが、母のことは何も言わない。どうしちゃったんだろう？　父とけんか、したんだろうか？

本当に、心配しているんだ。両方のお手々で数え切れなくなって、それでもまだ待っているんだ。いつ会えるんだろうか。けんかだったら、仲直り、しようよ。早く帰ってきてほしいな。

人工股関節

妻は、両方の股関節を人工的な器具に変える手術を受けました。小さい時の股関節脱臼の処置が未熟だった（当時としては最良の治療だったのですが……）ので、「変形性股関節症」に。股関節は、足を動かし体重を支える大切な部分です。若い時から無理な状態で動かし続けてきたので、正常の方だとスムーズに動く部分がすっかり変形してしまい、スムーズに動かなくて歩いたり座ったりした時に痛みがあります。これまで、痛みとつきあいながら仕事や子育てや日常生活を送ってきました。

歩行・痛みを解決するための「人工股関節置換」の手術ですが、この症状の最終的な手段です。体に医療用とはいえ異物を入れるので、これからの人生に大きな負担になることは避けられません。一般的には、もう少し年を取ってからこの手術を受ける方が多いようですが……20年ぐらいで再手術と言われているので。

彼女は、これからの人生を考え、体力があり筋力の回復も望めるこの年代での手術に踏みきりました。今回の手術が吉と出るには、これからのリハビリと自己管理が非常に大切と思われます。

退院、ポチたま、そして、158km

両足の人工股関節への手術とリハビリで過ごした、関西医大枚方《ひらかた》病院生活の4週間、術後とリハビリの経過もよくて、本日（12月19日）、無事退院しました。

ちょうどこのころ、テレビ東京の「ポチたま」という番組から「ゴン太くん、出演しませんか……」とのお誘いが来ていました。ゴン太くん、ポチたまに出演している他の犬のような芸はまったくできません。無理だろう、と思っていましたが、この入院の機会に、ぜひ撮影しましょう、という申し出……お受けすることにしました。

10時までには退院をしないといけないのとテレビ東京の退院風景の取材があり、それに間に合うようにお山を下ります。早起きして、6時前には家を出ました。昨日の雪、路面はスッカリ雪はなくなっていましたが、朝早いので凍結を心配しての慎重運転です。

京都市内も早いので渋滞もなくスムーズに抜け、早すぎるのではと思っていたら枚方の手前からノロノロに、それでも8時前には枚方病院へ着きました。朽木小川は曇り空でしたが、枚方は冬ばれの青空……退院日和です。

昨日、もらっていたお金がなくなって、何年ぶりかに自分のキャッシュカードで引き出そうと思い、ATMを使ったのですが、続けて暗証番号を間違ったみたいで、使えなくなり手持ちのお金は、小銭のみ。早く着いたのでドトールでお茶して病室に上がるつもりにしていたのですが、お茶するお金をもらいに病室へ。行ってみるとバックに荷物も詰め終わり退院の準備は完了していました。退院前にリハビリがあるとのことだったので、お金をもらって、まずはドトールでお茶タイムです。

リハビリから帰るのを病室で待っていると、彼女の友人が退院祝いのお花を持ってきてくれました。友人たちと話していると、リハビリから帰ってきたのと同時ぐらいにテレビ東京のスタッフもやって来ました。病室での風景を撮り、正面玄関から退院していく所をカメラに収めます。退院風景は無事収録。カメラクルーは、対岸から病院の全景を撮って朽木の家に向かうとのことなので、別れて枚方通いの国道1号を京都へ。途中で北山のスーパーでお鍋の材料を仕入れてお山に向かいます。

お昼過ぎから、7時過ぎまで収録。ゴン太も散歩で前の道を行ったり来たり、と時間がかかったので、すっかりくたびれてしまったようです。最後は、3人での食事風景を収めます。その後、スタッフの方たちと栃餅鍋を囲んで談笑しました。結局、丸々3日間の収録でした。果たして、どんな映像になるのか、楽しみです。ただ、いえるのは、主演はゴン太、ということ。

朝早くからの枚方通い、ゴン太Ⅱ号の走行距離は1日で158㎞。僕も疲れましたが、病院疲れの妻はもっと疲れたようで、お風呂にゆっくりつかって、「気持ちいい〜〜」と。

27

母が帰ってきた!!

06年12月

父が朝早く出かけて行った。僕は寒いから、お家でお留守番。待っていると、ドアを開けようとする不審な人が……「入っちゃダメ！ ワンワン!!」って、怒ったんだけど、「ゴン太君、こんにちは」って、知っているお姉ちゃんの声。この前来て、僕の写真をいっぱい撮っていったお姉ちゃんだ。今、父は留守だけど……どうしよう。お姉ちゃんだったらいいか。

もうしばらくすると、ゴン太Ⅱ号が帰ってきた。父が降りて、なんとなく母の声も聞こえる。早く入ってきて！とグルグル回って待っているのに、父しか入ってこない。おまけに、「ゴン太、おいで」と、お外に出そうとする。その手には乗らないゾ。グルグル……。待ちくたびれた父が、チーズを出してきた。それなら、出てもいい。

お外に出ると、母が立っていた。杖をついている。ほら、やっぱり母は帰ってきたんだ!!

「ゴン太、ただいま」と言って、僕をナデナデしてくれる。「お帰り」をして、朝から全然お外に出ていなかったから、大急ぎでオシッコもしに行って、忙しい。その様子を、大きなカメラでお兄ちゃんたちが撮っていた。なんだ、これは。

晩ご飯は、お鍋。僕にもおすそ分けが来た。おいしい。3人で食べるご飯は、やっぱりいいな。

28

僕のライバル？

07年2月

暗くなると、父はパンを切ってボールに入れ、お外に持って行く。しばらくすると、2人で裏側の窓の外を見て「来た来た。やっぱりかわいい」と騒いでいる。そうして最後に母が「でも、ゴン太が一番かわいいよ」と僕に言う。どうやら、「テンテン」という子がパンくずを食べに来ているらしい。でも、僕には裏側の窓の外は見えないし、朝散歩に行った帰りにチョッと調べに行ったんだけど、匂いが入り混じってどれがテンのかわかんない。テンだけじゃなくって、もっと何か来ていると思う。

もう少ししたら、母は大阪のお家に帰るんだって。ヤレヤレ。この前ようやく帰ってきた時、母はノロノロしか動かないし、はしごを登らないで、僕が入れないお部屋におねんねに行っていたし、杖をついていたし、どうしちゃったんだろうって思った。父がいつもあっちこっちに連れて行って、夜には2人でお酒を飲んでバタンキューーしていた。僕もついてまわって、相当くたびれた。そうなんだ。母はまたいなくなるんだ。でも、今度はちゃんと5つ寝たら帰って来てね。

29

ゴン太Ⅱ号と僕

07年4月

僕はゴン太Ⅱ号が大好き。父がゴン太Ⅱ号で出かける時にはついて行く。時々お留守番するけど、そんなときには、父が帰ってからゴン太Ⅱ号に乗せてくれるんだ。

ゴン太Ⅱ号に初めて会った時、それは大阪で、父はまだ朽木に住んでいなくて、母と一緒にお休みの日に朽木のお家まで来る時だった。テントやリュックと一緒に僕も乗っけてもらって、朽木まで来た。僕は後ろの席で、グラグラゆれて立っても座ってもいられなかったんだ。それで、母に何とかしてよ、と言いたくて母の座席の窓側から乗り出した。そしたら、ピタッと身体が座席と窓の間に収まって、あんまりゆれなくなったんだ。それから、ここが僕の席。

この前、父が僕を残してお出かけして、帰ってきたので、「僕、Ⅱ号に乗る!」って言ったら、「どうぞ」って、ドアを開けてくれた。でも、いつもは横でリードを引っ張って飛び乗るのを助けてくれるのに、リードを持ったまま後ろの方でカメラを構えている。僕はいつものように、飛び乗ろうとするけど、中々タイミングが合わない。早く父がお手伝いしてくれないかな、って思って振り返ったんだ。そしたら、父は僕のことを撮っていたんだ。おまけに、「歳を感じる」なんて動画のブログに載せてしまった。もう!!勝手に写真を載せないで、っていつも言っているのに……。

30

また僕の不注意

07年6月

僕の嫌いな雨ばっかりで、お外に出たくない。父と夜のお散歩の時、家の前でおしっこ、しようとして、足が滑ってしまった。片足だったので、変にゆがんだようで、玄関の階段を駆け上がったあと痛くて仕方ない。次に母が来た時、夜中に外の物音で目が覚めて、走ろうとして、掃除機につまずいて余計に痛くなってきた。もう動きたくない。足に力が入らなくなって、後ろ足が滑ってしまう。朝晩のおしっこだけは我慢してお外に出るけど、あとはできるだけジッとしているんだ。父は心配して、もう僕をゴン太Ⅱ号にも誘わない。

最近、ようやく痛みが治って来て、ゴン太Ⅱ号に乗ってついていきたい、と思うようになった。しばらくお家の中ばっかりだったので、母が「お散歩もろくにしていないから、足の力がなくなってくる。少しは運動、させないと」と言っている。でも、本当に痛かったんだよ。

31

ようやく、お誕生日のケーキ

07年9月

お昼過ぎ、電話がかかってきた。僕はどうしようかな、と思ったが、暑いのでやっぱりお家でお留守番することに決めた。父は大急ぎで出て行く。気持ちよいお昼寝タイムで父を待つ。

帰ってきたのは真っ暗になってからで、僕がいっぱい寝てからだった。母も後からついて入ってきた。そうか、お昼の電話は母からだったんだ。マキノのガイちゃんの匂いがしていてチョッと気になったけど、「お帰り、お帰り!!」とちゃんとお迎えしてあげたんだ。

父が「早くゴン太にあげて」って言って、母が小さな箱を開けた。甘くていい匂い。母は大きなお皿にショートケーキを乗っけて僕の前に置いた。「お誕生日、おめでとう」と父と母。ケーキは大きいまんま。いつもはソーセージなんかを僕のご飯と同じ大きさにちゃんと小さく切って混ぜてくれるのに……こんな大きいまんまじゃ、僕、食べにくいや。母の顔を見ても、知らんぷりされた。でも、クンクン。いい匂い。我慢できない。チョッとなめてみよう。ウ～ン…おいしい。大きくっても、いいや。ペロペロ……。気がつくと、また父がカメラを構えて僕を撮っている。でも、そんなこと、構っていられない。

「ホラ、おいしそうに食べるよ」と父。「そうね、やっぱりローソンのより、ケーキ屋さんのを買ってあげてよかったね」と母。「そうやろう? 絶対、あのケーキ屋さんで買うことを決めていたんだ。ローソンなんて、考えてもいなかった」と父。母も同じケーキを食べている。「僕、まだ食べたい!」と言うと、母の分も半分くれた。すっごく満足。「去年は、シュークリームだったから、きっとゴン太はだまされたと思っていたよ。ようやくちゃんとケーキを買ってあげられたね」と父。来年のお誕生日にも、このケーキがいいな。

32

歳のせい、かな

07年11月

早い雪も降ったので、お家の中では僕の冬の定位置、マッキーの横のおざぶに寝ている。あったかくて気持ちいい。父は「そんなマッキーの横で暑くないのかな……毛皮も着ているし」といつも言っているが、大丈夫。暑くなったら、トイレの前の涼しい所に涼みにいくから。それに、雪がたくさん積もったら、お外を駆け回るから。

最近、父や母の友達がよく泊まりに来るようになった。そのたびに僕はチーズでごまかされてゴン太Ⅱ号でオネンネ。ま、いいんだけど……。でも、この前、をゝゑさんとするすみさんが泊まった時はとっても寒かった。母がいつものように、僕のおざぶを入れてくれて、その上で丸くなって寝ていたんだけど、いつのまにかおざぶからはみ出していた。でも、グッスリだったので、気づかなかったんだ。

朝、するすみさんが車の中をのぞいて、「ゴン太君、震えていますよ」と母に言っていた。さすがに朽木の冬の寒さは身にこたえる……ようになったかな。母は、「クーちゃんは、いつもお外だよ。ゴン太はマッキーで甘やかされているから……」と。

33

大阪の方が寒い!!

08年1月

父と大阪に帰った。いつもだったら大阪までの間に途中休憩してくれるのに、僕が「ひと休み・ひと休み・ワンワン」と言っても、無視された。ラッタッター・ラッタッターとゴン太Ⅱ号を走らせて、大阪に着いた頃にはもうクタクタ。

母が帰ってきてもお散歩に行こうという元気が出ない。でも、一応鶴見緑地の入り口まではついて行き、さっさと帰ってきた。母が「年ねえ」と言っているけど、無視。

次の日、早くに2人で出て行った。いつもは母がお仕事に先に出るのに。あやしい。でも、いいんだ。僕はお留守番がいい。マッキーがここにいないのはチョッと淋しいけど……。

遅くに2人、帰ってきた。「会場が広かったから、結構見栄えがあるよね」なんて話している。寒かったんだから。そんなこと、どうでもいいから早く朽木のお家に帰りたいよ。でも、なかなか朽木には帰らなかったんだ。

その次の日はそんなに早くないけど、やっぱり2人で出て行く。そして「たくさんお客さん、来てくれた」と言いながら帰ってきた。そのうち、いくつ寝たかわからなくなった。いつものように母はお仕事に通う。父は後から出て行き、くたびれて帰ってくる。とにかくたくさん寝たよ。最後は、2人一緒に帰ってきた。なんだか知らないけど、終わったんだって。「よかった、よかった」って言っている。

朝になって、2人で出て行って、父がゴン太Ⅱ号をお家の前に連れてきた。母は自転車で後から帰ってきた。ゴン太Ⅱ号は、病院に行ってたんだって。すっかり元気になって、よかったね。荷物をいっぱい詰め込んで、僕の居場所もないくらいにして出発。朽木のお家に帰って来れて、よかったよ。

＊

この間、大阪・心斎橋のクリスタ長堀・アートギャラリーで、「朽木小川より」のフォトエッセイ展を開催していました。ゴン太には長い2週間だったようです。

山本酒店

34

シニア対策？

08年3月

お散歩で足を滑らせてからどうも足に力が入らなくなった。お家の中は板だからなんとなくツルツル滑りそうで、「お帰りグルグル」がしにくい。チョッとユックリまわっている。お散歩もあんまり遠くには行きたくない。お家の前と河原か隣の空き地、裏の畑で用をすませてしまう。母が、「お散歩させないと、どんどん足が弱ってくる」と連れまわそうとするのだが、「イヤ！」と抵抗してしまう。

父が「ネット」とかなんとかで調べて、また大きな箱がやってきた。クンクン、何かな、と思っていたら、テーブルの周りに大きな絨毯が……。走っても滑らない。ウン、これなら走りやすい。お帰りグルグルもスピード出せそう。おねんねしても暖かいし、気持ちイイ。満足してその上で休んでいると、お薬を僕の足の裏に……イヤッ！　チョッと父の手を噛みそうになった。でも、痛くもなんともないので、まあいいか。でも、やっぱし気持ちわるいから、ペロペロ……。「なめたらあかんヤン。せっかく薬、塗ったのに……」と父。「歳取ったら、足の裏の肉球がカラカラに乾いて、滑りやすくなるんだって。だから犬用の保湿クリーム見つけた」と母に説明していた。ヤレヤレ、父のことだから、半分も塗らないうちに忘れてしまうよ、きっと。でも、絨毯の方はうれしかったかな。

針畑の春

春は里から、秋は山から……

春は、湖岸から安曇川・針畑川沿いに……桜前線が上がってきます。針畑筋も、やっと遅い春の訪れです。サクラやカタクリ、ニホンシャクナゲなどが咲き始め、花の季節に。そして新緑を迎えると、すぐに田んぼの季節です。

お茶タイムをしていると、ゴーッとトラクターが通る音が……「田起こし?」と思っていたら、今年も「あぜぬり君」が来てくれました。下の田んぼから順番に畔塗りをしていきます。このあぜぬり君、なかなかスグレモノ。人力で同じように畔つけをしようと思うと、大変ですネ。2枚が終わると、僕が借りている田んぼへ……土が硬めなので、「よせてあげて、抑えて均《なら》す」がきれいにできますヨ。どんどん畦つけ・塗りができていく作業、見ていると楽しい……もちろん、貼りついてデジカメショットを。

連休2日目、「今日の予定は?」とお聞きすると、「グルットルートおにゅう峠」と言うか言わないうちに、おにぎり用のご飯を炊き始めました。青空がすっかり広がり、ヒンヤリ空気ですが、天気もよさそう。とろろ昆布巻きのおにぎりもできたので、お昼前に上針畑に向かって出発しました。

朽木桑原の「じゅうべえ」さんに寄って……との指示。ハイハイ。「ミツバチの巣箱作りと山菜料理」に参加したい、ということです。なにやらミツバチの巣箱を作って、我が家の庭に置き、日本ミツバチを呼び寄せる、というタクラミを持っているようです。定員に余裕があったので、申し込み。もうすでに頭の中では、蜂蜜の収穫を夢見ているようです。

ブロ友さんから、小入谷集落のはずれにある「かよぞう桜が見頃で満開ですよ」とメールをもらっていました。おにゅう林道の入口なので、向かいます。満開の古木の大ザクラ、朽木小川のお寺さんにあるのと同じ種類? 青空をバックにデジカメショット。続いてカタクリをのぞきに寄ります。今年は去年に比べて少ないですが、ポツポツと清楚な花が開いていました。

芽吹き始めた木々に囲まれたおにゅう林道を上って行きます。ブナは若緑色の葉っぱを風に揺らしていました。雲海スポットであまりにも

きれいな景色なので、ブルーシートを出して、そこで作ったおにぎり弁当をほおばることに。チョッと霞んでいますが、武奈《ぶな》ヶ岳、打見《うちみ》山などを一望しながら、眼下にはブナの新緑。そして、振り向くと崖の上にはニホンシャクナゲが薄ピンクの花を咲かせています。上がってくる車もなく、と思っていたら、自転車が1台。「いいですね～」という声を掛けて通り過ぎて行きました。もうしばらくすると、1台のワゴン車がユックリと上がって来ます。後ろで止まったので、誰かな……と思うと、チャミパンさんが、お客さんを連れて新緑のドライブでした。咲き出したトクワカソウ（イワウチワ）やイワカガミなどのデジカメショットをしてから峠に向かいます。

さっき上って行ったチャミパンさん御一行、峠の横の土手を登ったり降りたり、と楽しそうに子供たちが遊んでいました。しばらくそのようすを眺めてから、上根来《かみねごり》へ下りていきます。林道脇には雪がまだ残っている所も……。

34

大阪に帰ったんだ

08年4月

またまた父と一緒に大阪のお家に帰ったんだ。ゴン太Ⅱ号に乗って。お別れだとは思わなかった。いつものように、すぐに朽木に帰ると思っていた。でも、「愛恵の入園式だ」とか、「電車でマキノに」だとか言って、父はブラブラと出かけていく。母はいつものように、お仕事だ。帰ってきて、僕を鶴見緑地に引っ張っていこうとする。その手には乗らないゾ。緑地の手前で右に曲がって引き返すんだ。朝の散歩も緑地方面に行くんだけど、やっぱり気が乗らない。途中で帰ってくる。

そうそう、鶴見緑地の帰りに、マルちゃんと会った。ドキドキ。でも、近づいてまた「イヤッ、ガブッ」ってきたらイヤだから、少し離れて眺めるだけ。やっぱりいくつになってもお嬢さんだ。

ようやくお家に帰る時。アレッ？　大好きなゴン太Ⅱ号にそっくりだけど、チョッとちゃう。Ⅲ号なんだって。ゴン太Ⅱ号は年をとりすぎたから、もうお休みするんだ。初めて朽木のお家に連れて行ってくれたのもⅡ号だったし、父についてお出かけするのも、いつもⅡ号と一緒だったよ。本当に、なかよしだったよね。僕の数少ない大事なお友達だったよ。ありがとう。そして、これからよろしく、Ⅲ号君。

PAJERO MINI

36

鏡の初体験

08年6月

いつも「忙しい」と父は出かける。僕は暑いからお昼寝して待つことにしているんだ。お家は前の窓を閉めていても涼しい。でも時々暑いときがある。どこが涼しいか、探しながらお昼寝する。この前大阪のお家に帰ったんだ。着いてホッとしていたらすぐに、「ゴン太、お留守番お願いね」って、2人して出かけてしまった。帰って来たのは真っ暗になってから。窓は開けていたけど、暑い暑い……。ハアハア……って、もうイヤダって思った。やっぱし、朽木のお家が一番。

笑姉の家にも行ったんだ。僕もマンションの中に入れてくれた。エレベーターに初めて乗った。入ったら、前にもう1匹犬がいた。僕と同じようにハアハア言っている。「ゴン太、鏡を見るの、初めてじゃない？」と母。笑姉のお家の前で、「ゴン太はここまで」って、入れてもらえない。でも、お外でお待ちでもいいや。笑姉の匂いがしているもの。しばらくすると、笑姉や父が恵愛や千寿を連れて来てくれた。千寿はチョッと怖がっていた。僕、悪いこと、しないのに。

37

待ちに待ったお誕生日

08年9月

お誕生日、僕、待っていたんだ。父がまた何か注文したようだ。クロネコさんが箱を持ってきた。ガサゴソ。僕の首輪代わりのハーネス。ゴン太Ⅲ号に乗っているとき、僕があんまり「ゲ〜ッ、ゲ〜ッ」って言うから、お誕生日のプレゼントに買ってくれた。母が、「この頃メタボ気味だから、チョッときつそうだけど、体をこれに合わせなくっちゃ」と言う。どうかな、と思って車に乗ったが、なかなか快調。でも、しんどくなったらやっぱり「ゲ〜ッ」が出る。父はガッカリしていた。

生クリームケーキの夢、破れたかな……と思っていたが、さすがは父。15日には忘れずに買って来てくれた。ありがとう。

38

僕の松江動物病院通い——僕はどこも悪くナイ！

08年12月

朝からいやな予感がしていたんだ……。ゴン太Ⅲ号の荷物を父と母はソワソワと下ろしている。「ゴン太、ごはん食べたら散歩に行こう。」今日は気持ちのいい朽木小川だ。酒屋のクーちゃんはお姉ちゃんと散歩、いいな……。散歩が終わって、「ゴン太、Ⅲ号に乗る?」チョッと変だ、と思ったが、近頃留守番が多かったので、父に乗せてもらった。ワーーイ、ドライブだ。ところで、行先は?

雪のお山を下りると、春の陽気の湖岸。やっぱしいやな予感が当たった。僕の大嫌いな病院だ。順番が来るまで、なんだかソワソワ、父もソワソワ。母だけゆっくりと待っていた。先生が、「ゴン太君、どうぞ」。僕は父に抱っこされて診察室に。怖くて少し震えが……止まらない。あとで、お駄賃にもらったナン、おいしかった。

＊

先日から右の目が腫れ、涙が出て、おまけに目の周囲の毛が抜けて黒い肌がむき出しになっている。そういえば目が白い。年なので、白内障を起こして目が見えにくくなって、どこかに当たったんじゃ。だから、目が腫れて、黒ずんでいるんだ……などと思っていました。妻は、（眼内炎でも起こして失明するんじゃ……）と心配していたようです。おとなしく診察……させませんでしたが。結局、「アトピー」とのことで、目薬と飲み薬をいただきました。目薬、1日3回と5回……奮闘しています。

いつまでも元気でいてほしい　父

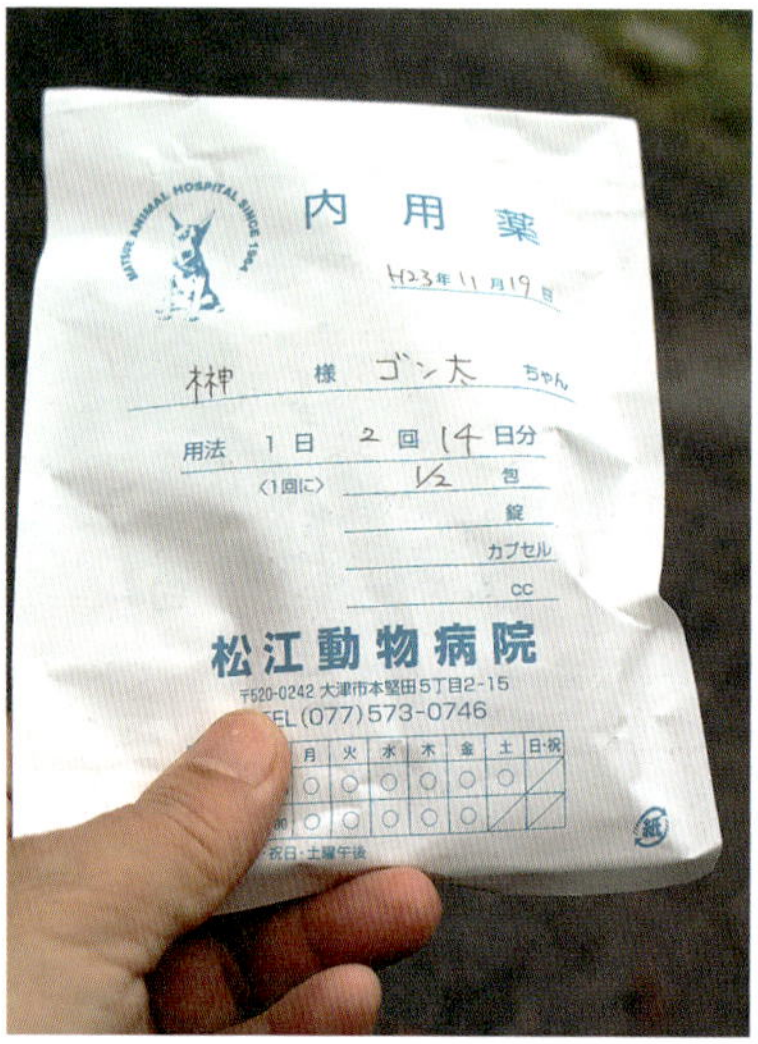

ある昼下がり

09年3月

僕の大好きな場所、冬はマッキーの横、夏は風が通るトイレの前。でも、一番好きなのは、父の足元かな？

母が手術をしてズーーッとお家にいた時、小さいテーブルがやってきた。流しの前にテーブル置いて、寒かったからテーブルの下に火鉢を置いて……「おこたみたい」と母は喜んでいた。

母がお仕事始めてから、父は、マッキーの横の窓際にそのテーブルを置いて、ご飯を食べたり、コンピューターで遊んだりしている。時々、椅子に座ったままウトウトしていることも。アッ、今日はお出かけ、しないのかな……。そんな時、テーブルの下や父の座っている椅子の下にもぐりこむんだ。マッキーに近い母の椅子の下でもいいや。

お日様が照っている時はポカポカとっても気持ちいい。ついウトウトすると、父の足が「コチョコチョ……」とつついてくる。うるさいなあ……。しばらくすると今度は手が伸びてくる。ナデナデ……モウ……眠いから放っておいて……でも、これは気持ちいい。父がお家にいるのはイイナ〜〜。やっぱり今日はお留守番、しなくっていいんだ。ヤレヤレ、ユックリお休み、しようっと！

ゴン太近況

09年5月

窓際で寝返りうって、背中で聞いている、やっぱり父ちゃんは出て行くんだな……。付いて行きたい気もするけど、寝たふりして見送る。「近く」って行っても、きっとⅢ号にずーーっと乗らないといけないから……お家で寝ていた方が…父も僕が疲れないか心配するし……。そんなんで、窓際、僕の定番になっちゃった。

針畑の初夏

DOCUMENTARY 6.20——針畑の祭り

朽木・針畑の夏祭り……思子淵《しこぶち》神社……大宮神社……伊勢大神楽《おおかぐら》……そして、雨。

今日も、8時。秋のお祭は、総参りなのですが、夏は男衆のみです。8時前に、神主の朽木さんもみえ、お参りを済ませてから、祭礼です。朽木さん、29代目だそうです。梅雨空も持ち、時おり薄日も差す、お祭日和の朽木小川です。

祭礼の後は、社務所でお神酒をいただきます。今日のご馳走は、朽木桑原の「じゅうべえさん」の針畑づくしでした。

宴は続いていたのですが、僕は針畑郷の中《なか》牧《まき》・大宮神社の「湯かけの神事」で、「家内安全・魔よけ」のササをいただきたいので、中座して、針畑街道を上ります。……決して飲酒運転ではアリマセン。いつものように、ガマン、ガマン。ちょうどいい具合に、神事に間に合いました。何枚かデジカメショット。神事が始まると「ゴロゴロ」お空。しばらくして、雨になりました。雨雲予報を見て出たのですが、ズバリ的中です。

この雨、「伊勢大神楽の一行は来るのかな」、と思いつつ、お昼の接待のお宅の前で待ちました。お昼を少しまわって、ワゴン車で到着。

接待のお家の方から「榊さんも、お昼をどうぞ」と言っていただいたので、皆さんと一緒にお邪魔させていただきました。その後は神楽の追っかけメンバーと生杉の集落を回ります。

集落の最後のお宅で獅子舞が終わった時に、ワゴン車がバックで庭先に入ってきました。「榊さん、こんにちは」。アレッ?「今日はナンなんですか?」と聞くと、「ここの集落出身で、やまゆり荘に入所している方たちを連れてきました。獅子舞を見に」との話でした。でも、今さっき終わったところ、だったので、その話を太夫さんにすると、「皆さんが降りてきたらもう1回舞います……」皆さん、楽しそうに手を合わせながらご覧になり、獅子に頭をかぶってもらっていました。なかなか、いい計らい、ですね。

夜の出町通いの帰り、「蛍はまだかな……」「寒いから出てこない」。でも、家に着いとき、水路の方を見るとピカピカ……初蛍です。ゴン太の散歩の時にも針畑川でも蛍が飛んでいました。

40

僕の夏

09年6月

だんだんと僕の嫌いな暑い夏……近づいてくる。お散歩が嫌なわけじゃないけど……いま一つ気乗りしない。でも、父が心配するから……母だと、僕が寝ていても抱っこしてお外に連れ出してしまう。チョッと迷惑。でも、お外に出てしまうと仕方ない。あきらめて少しお散歩する。そんな時、お日様が顔を出していると、苦手。大急ぎでお家に入りたくなる。母は、「うんち、まだでしょう！」となかなかお家に入れてくれない。父が、「嫌がっているから、きっとないよ」ととりなしてくれる。これからもっと暑くなる僕の夏……父が買ってくれたアルミの敷物、僕は滑るからいま一つなんだけど、父はそれに乗って「冷たい！」と言って喜んでいる。もっと暑くなったら、使おうかな……。

僕のオネエだったのに……

09年7月

　オネエが朽木の家に遊びにやってきた。コブ着きで……。チビ1・チビ2・チビ3。僕は小さい子供は苦手だ。昔、おりこうさんにしてクンクンすると、急に頭を「ゴツン!」と叩かれたことがある。ウ〜〜、となりそうになったら、父が、「ゴン太、ダメ!」と大きな声で。僕、何も悪いこと、していないのに。そんなんでどうもチビは苦手だ。でも、今回、それが3倍。オネエと会うのはうれしいんだけど……。

　オネエ軍団、着くなり「ゴンチャ〜ン、怖い……キャーー!!」と。怖いのはこっちだ。あんまり3人でワンワン泣くので、父が「ゴン太、Ⅲ号に乗っておき」と、避難させてくれた。やれやれ、これでゆっくりとできる。

　暗くなって、目的のホタル……なんだか騒がしい。母のお友達もホタル見に大阪から4人連れで駆けつけて来たそうだ。ホタルって、「ゴン太、きれいだね」と言われても……僕にはよくわからない。オネエが小さい時、堀畑のおじいちゃんとこに見に行ってたんだって。だからオネエはチビたちを連れてきたんだ。とにかく、僕はゆっくりⅢ号でおねんねだ。

　次の日にも、チビたちはお庭で大騒ぎ。父と母はいつものように田んぼに入って草取りだ。チビたちも入ったようだが、やっぱり水路で遊ぶほうがよかったみたい。僕はようやくお家に入れてもらって、みんなのいない間にユックリお昼寝だ。1日たっぷり遊んで、夕方オネエたちは母と一緒に帰っていった。僕はオネエに会えてうれしくてかったけど、チョッと疲れてしまったカナ。

恵愛の運動会

09年10月

　僕はついて行かなかったけど、父と母は愛恵の運動会に出かけていった。小学校の運動場を借りて、大人数での運動会だって。母は携帯に充電していなかったから、笑姉と連絡が取れなくって、運動場を行ったり来たりしていたらしい。無事会えたらすぐにお昼ご飯だったって。笑姉、張り切ってご馳走を作っていたそうだ。僕も食べたかったヨーー。

　恵愛は踊りも体操も上手だったって、母はすっかりおばあちゃん状態。僕、お話聞くだけで見てきたような気持ちになったカナ。また遊びにおいでよ。

マイ・ドライブ

09年12月

近ごろ、母があわただしくお家に帰ってくることが多い。昨日も、夜帰って来たのに、また父と母でお荷物を準備している。もう、帰るのか……と思っていたら、僕のクッションまで持ち出している……もしかしたら。やっぱし、「ゴン太、行くよ」と引っ張ってゴン太Ⅲ号に乗せられた。大阪のお家に帰るのかな……。

でも、いつもの京都に行く道じゃない。アレッ、どこに行くんだろう……車、ゆらゆら揺れるから落ち着かないよ。久しぶりのドライブだし……母の横に顔を出して、落ち着こうと思ったけど、後ろの足がしんどくなるし……いいや、後ろで寝ていこう。と思っても、ユラユラッとしたら、目が覚めてしまう。どうしたらいいんだ!! と思っていたら、休憩。しばらく父と母はお出かけ。その間にグッスリ。

たどり着いたのは、久しぶりの堀畑《ほりはた》（兵庫県養父市）だった。小さい頃からよく来ているから、道はよくわかっている。土手に続く散歩道も、駅に行く方も、ちゃんと知ってるよ。気持ちいいし、車の中ばっかりじゃ、飽きてきたから、あっちこっちお散歩する。おかげで疲れて、夜はチョッと寒かったけど、グッスリだ。次の日にはお家に帰るんだけど、帰りはもっと何回もお休みしてくれたから、途中の散歩も楽しめた。ドライブ、父にもっとついて行ってもいいカナ。

ゴン太も雪が大好き

10年2月

僕、雪大好き。雪のお散歩は楽しいよ。でも、今年は雪が全然降らない。すぐにビチャビチャになって、足が濡れるから……お散歩にあんまり出たくナイ。母は「ゴン太、いつも寝ている」と言うんだ。僕が濡れているところを歩くの、大嫌いなこと、知っているのに。おまけに、「歳なんだし、散歩に出ないと足腰が弱ってしまう」と言って、無理やり僕を抱っこしてお外に連れ出す。

でも、雪が積った日の朝はなんだかソワソワ。お散歩も楽しい。「ゴン太、足がおぼつかないけど……雪をギュッギュッっと確かめるように一歩一歩歩いている」と父が横で言っている。冷たい雪がホント、気持ちいいんだ。

散歩の途中、父が雪を丸めだした。始まった……「ゴン太、雪合戦！」……まただ。僕はおもしろくナイ！

雪の後、寒～くなるとジョリジョリ散歩だ。でも、今年は2回ぐらいしかできなかったヨ。残念。

2月は節分だ、と言って、父がいつも僕にお面を掛けようとする。いつもは逃げられるのに、今年は寝ている間に写真、撮られてしまった。くやし～ぃ。お豆は苦手。でも、いつも外の鳥さんたちが僕のかわりにお豆さんを食べてくれる。

45

大阪に帰ったよ

10年3月

朝から父と母がバタバタとゴン太Ⅲ号に荷物を乗っけている。僕は薄目を開けて見ていないふりをしていた。でも、きっと僕も連れてどこかに行くんだ。だって、父が「ゴン太のご飯、入れた?」って言っていたもの。そして、やっぱりお散歩のあと、僕をⅢ号に乗せてくれた。久しぶりのⅢ号だ。出発!

僕は、いつもは母の隣に顔を出してお外を見るのが好きだったんだ。ヨイショっと顔を出そうとするけど、足に力が入らなくってお顔が出せない。この前はできたのに……でもって、ズーッと足だけで立っているのもしんどいから、あきらめた。仕方ないので、後ろを見て、そのうち眠くなって……。アレッと思った時には、前の座席との間に落ち込んで動けなくなってしまっていた。何とかして上がりたいけど、上がれない……誰か、助けて! 母が気づいて、ようやく助かった。

「着いたよ」と言われてⅢ号から降りると、やっぱし大阪のお家だった。大阪の家は父と母がお出かけしてしまったら寒いし、お外も見えないし……早く朽木のお家に帰りたかった。でも、Ⅲ号が入院したから帰れないんだって。3つ寝て、父が連れて帰ってくれた時にはうれしかったよ。ただいま、マッキー。また僕たちを暖かくしてね。

46

氷ノ山でも寝ていたよ

10年5月

父がソワソワ出たり入ったり……したあと、僕を連れ出した。ホント、久しぶりのⅢ号だ。2人で出発……途中、母が乗り込んできた。一緒にお出かけ久しぶり。でも僕は後ろでお休みだ。5月の連休はきっと行くと思っていたんだ……氷ノ山。雪を水のみに入れてくれたけど……寒いからそんなに喉も渇かない。

おばあちゃんのお家では、しっかりお散歩。父と母も畑にも行って楽しんでいた。小さい時から来ているから、堀畑はチョッと好きかな。また来たいよ。

お誕生日と大阪

10年10月

僕、16歳になったんだ。生クリームケーキ、お誕生日にちゃんと買ってきてくれたよ。いつもは忘れてくる母がお休みの日じゃないのに夜帰ってきて、「おめでとう」って言って、一緒にケーキ食べて、朝になったら大急ぎで帰っていった。笑姉のとこのチビ3の子守なんだって。

この頃は、いつもお留守番なんだけど、父が大阪につれて帰ってくれたよ。でも、父は長崎に行ってしばらく帰ってこなかったんだ。ゴン太Ⅲ号はまた病院入りだって……。僕、大阪でもちゃんとお留守番していたよ。母が朝起きてくるとすぐにお散歩だ。お散歩コース、もうそんなに行きたくないけど、チョッといい匂いがするからついつい長いお散歩をしてしまう。おかげで母が出て行ってからはグッスリだ。おまけに夜も母がゆっくりお散歩につき合ってくれるから、お腹も空いて、ご飯がおいしい。

父がようやく帰ってきたときには、うれしかったよ。だって、朽木のお家に帰れるんだもん。母もお休みの日だからって、一緒に帰ったんだ。久しぶりだよ、3人でドライブ。僕、ず～～っと寝ていたけど。

オシメが似合う――僕は嫌だ！

11年2月

大好きな雪が降り、寒くなってから、どうもオシッコがガマンできない。寝ていても、オシッコで目が覚める。ウ～～ッて言って教えても、父はなかなか目を覚まさない。父が気がつき降りてくる頃には、もう漏れてしまっている。ヨッコラショッと起きた時にも、お腹に力が入ってチョコッと漏れてしまう。困った。

父が、あんまりふき掃除ばっかりしているので、とうとう僕用のオシメを買ってきた。僕、嫌だ。最初のオシメはチョッと小さくて、やっぱし漏れてしまう。ほら、ダメだろう?と思っていたのに、また別のを買ってきた。今度はチョッといけるかな。母も心配して、チビ3のオシメをもらってきた。それは僕には小さすぎる。

寝ている途中、体を動かしたくなってバタバタすると、どうしてもおチンチンが出てしまう。せっかくオシメをしていても、失敗。この頃、寝ていたら自分で立ち上がれなくなったので、僕の下にオシッコシーツを敷いている。それに、笑姉に僕用の腹巻を頼んだんだって。父の健闘は続く……。

恐怖の１週間！

11年5月

とにかく、父が「恐怖の1週間」というものに突入してしまったんだ。何がって、いつもは「忙しい、忙しい」と言っている母がズ～ッと一緒だったんだよ。

最初の日は、お客さんから始まった。お花の話をしていたよ。ザゼンソウの小さいのがあるんだって。その花はまだ咲かないんだけど、咲く所に行ってみようって、出て行った。もちろん、僕はお留守番だよ。この日はそれでおしまい。

次の日、母は早くからソワソワ。母の携帯が鳴って、父が出て行った。母はお昼ご飯をいっぱい作っているけど……父が帰って来た。ワイワイ言いながら、笑姉とチビ1・2・3も一緒だったよ。チビたち、「ゴンチャン、かわいい」と言いながらナデナデしてくれる。僕は動けないから我慢、我慢。

父と一緒に一輪車を持って雪を取りに行ったり、庭の石窯に火を入れて、子供たちがコネコネしたピザを焼いたり。ピクピク……僕の大好きなチーズの匂い。みんな「ここで食べる！」とお外でピザを食べている。僕のこと、忘れている。スネッ。でも晩ご飯の時に、上にのっていた。父はちゃんと僕の分も忘れずに焼いてくれたんだ。

次の日、早くからみんなで出て行った。やれやれ、ユックリお留守番しよう。お昼過ぎてから大きな袋を持って帰って来た。ズ～～ッと前、父たちとお山に行った時、父たちがうれしそうに採って来たキノコと同じような匂い……シイタケを採ってきたんだって。一休みしてから、みんなを父が送って行った。やれやれ。これで3つ、終わった。

そしていよいよ、長いお休みにはいつも行く堀畑だ。「ゴン太が疲れないように、休みながら行こう」と言ってくれた。僕は本当はお外が見たいんだけど、立てないから……。やっと養父に着いた時には、すっかりくたびれたけど、でも堀畑の土手やおばあちゃんの畑……いつも行くから、匂いでわかる。夜はグッスリだった。きっと、父たちもだよ。

氷ノ山に行くと、雪がまだいっぱいあったから、僕も雪の上のお散歩だ。ヒンヤリして気持

ちいい。ズット前、一緒に登った時にもお山のてっぺんには雪がたくさんあって、父は僕を引っ張りながら滑り下りていたよ。今年は雪が多すぎて、僕もいるから、登らないんだって。よかった。いつも母が無理やり引っ張っていこうとするから、どうしよう……と思っていたんだ。

　帰りは、いつものようにお魚を買いに行った。これはお魚大好き父の楽しみなんだ。でも帰り道、僕はグッスリ寝ていたからよくわからない

けど、ノロノロ運転で、「小浜の手前で海岸線に入ろう！」ということになったらしい。２人には初めての道で、でも景色がよくって満足！だったみたい。よかったね。

　最後の日は、家でユックリ……なんてしていられない母。やっぱり朝からお庭でゴソゴソ……「行くぞ！」と出て行って、お昼過ぎてもなかなか帰ってこない。やれやれ、おつき合いする父が「恐怖」と言うのも少しわかるかな。

老犬に

このころからでしょうか、ゴン太はだんだんと足に力が入らなくなりました。最初のうちは、ポンさんの介護用リードで身体を持ち上げるようにして歩かせていましたが、どんどん足に力が入らなくなり、外に出る時にも抱っこで何とか立たせて、ようやく排便・排尿をすませます。

ご飯を食べるのも立って下を向けないので、抱っこしてスプーン（使いやすい料理用のヘラを見つけてからは、それで）で食べさせるようになりました。食べやすいように、ご飯と豚肉か鶏肉、それにキャベツやハクサイなどの野菜、お通じの出がよくなることを発見してサツマイモ（ない時はカボチャ）を入れた特製おじや……「ゴン太ご飯」が出来上がりました。こっそりマムシの乾燥した骨も混ぜてやりました。水も立って飲めないので、いろいろと探して、工具用の油さしが使いやすいのを発見。口に水を入れてやると、ごくごくと上手に飲みます。

この年の秋には夜中に手足を突っ張り、口を大きく開けて「ウォー、ウォー」と叫び声をあげる発作が起きだしました。そんなんで、ゴン太は寝たきりになり、ゴン太を連れての遠出はほとんどできません。ゴン太通信を書くことも少なくなりました。

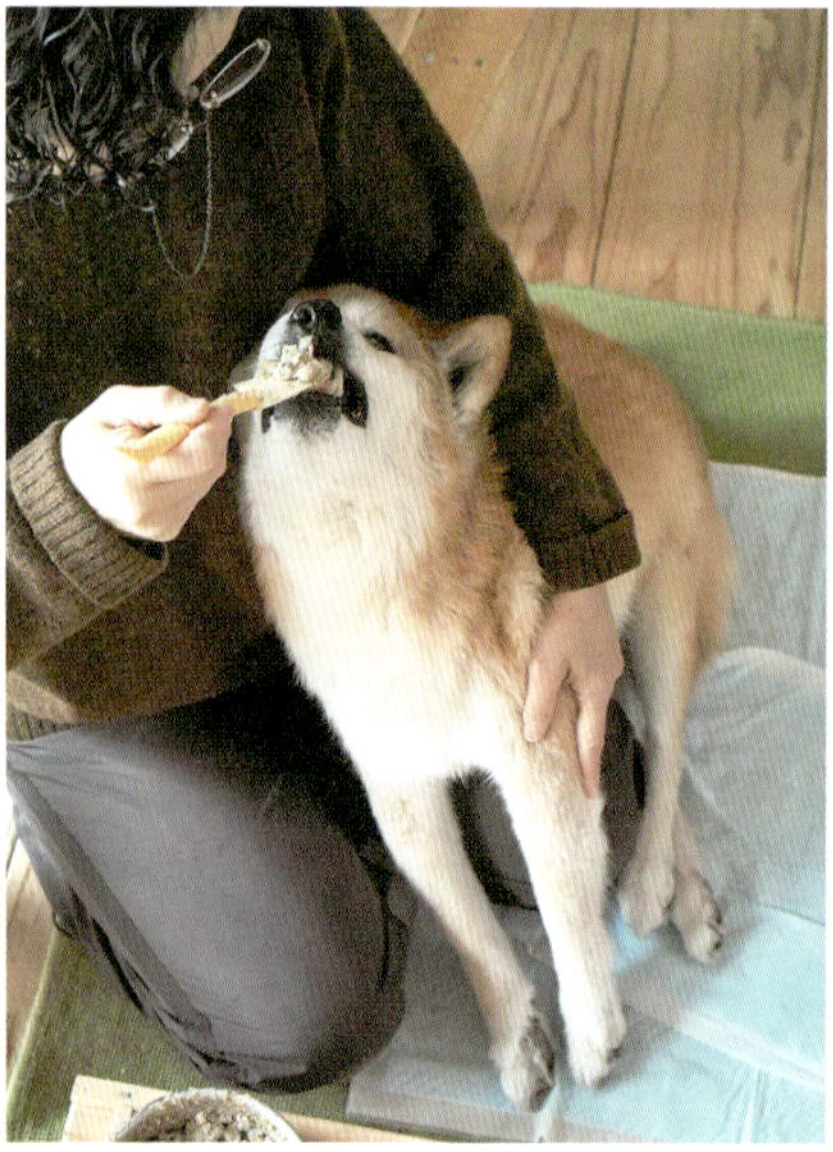

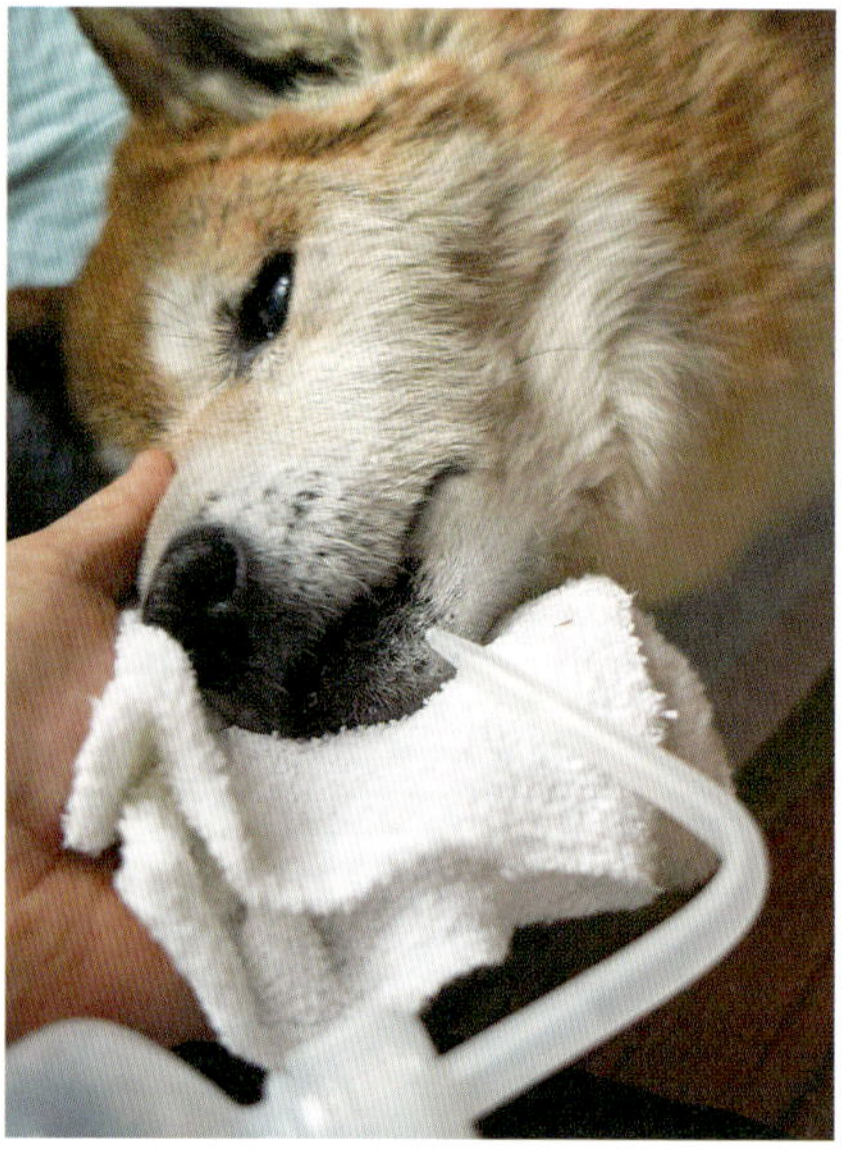

50

子供たちと雪と……

12年3月

笑姉が3人のちびっ子ギャングを連れて久しぶりにやってきた。きゃんきゃん言いながらお家に入ってきて、ギャングたちはすぐに出て行って、どうやら家の前で雪をさわったり、ひょっとしたら食べたりしているようだ。冷たい雪はホントおいしいんだ。僕も雪、大好きだから、一緒に雪まみれになりたかったヨ。

しばらくして父は母も連れて帰ってきた。夜はギャングたちもワイワイとご飯を食べて、その後はロフトに上がったり降りてきたり……チビ3が「こわ～～い！」と言っていたけど、笑姉が「後ろ向きにこうやって下りるんやで」と教えてから、はしごを登ったり降りたりできるようになって、はしごの下で寝ている僕にはうるさい、うるさい。おまけにチビたち、前には僕のこと、「怖い～」って言ってたけど、今は「ゴン太、カワイイ」と言いながら、時々そ～っとさわりに来る。ゆっくり眠れもしない。

ようやくチビたちがロフトで寝静まってから、父・母・笑姉の3人で大阪のお家にいた時のように、ユックリとお酒を飲んでいた。僕もおやすみなさい。

ゴン太君ありがとう。そして「祝18歳！」

柴犬・オス・出雲の栄作号……さかきゴン太。17歳の誕生日を祝って……すぐに歩けなくなり、寝たきりに。そして、痙攣が襲いました。さすったり抱っこしたり……「ゴンちゃん、まだ、虹の橋を渡ったらダメやでぇ……」と何回か声をかけました。顔をゆがめて大きく口を開けて、苦しそうな……でも痙攣が治まり、眠っている顔は、我が家に来た時と同じ、子犬のときの顔と同じ……そんな日々が。夜、1時間ごとに起こされる日が続き、「冬は越せるだろうか……」、痙攣がひどい時は、そんな思いも。

松江動物病院で、「効くかわかりませんが……」と言われて、処方してもらったプロテイン。効いたのか……飲みだして1週間もすると、痙攣は治まりました。プロテインの効果もあり比較的安定してきて、新年を3人で迎えることができました。

冬は、ゴン太君の季節なので、大きな痙攣が来なかったら、大丈夫だろうと思っていました。普段は、寝たきりですが、雪大好きのゴン太君。天気の良い日に雪原へ連れ出し、雪の上に寝かせると、ペロペロと雪をなめ感触を楽しみます。雪に埋まりながら、雪原を走り回っていたゴン太君はいませんが、雪大好きなゴン太君と過ごす朽木小川の冬日です。

雪、大好きなゴン太君ですが、一番好きなのは「薪ストーブ・マッキー」の横です。足腰が立つ頃は、マッキーに火が入ると、横のレンガの上で丸くなっていました。今はそれもかなわないので、マッキーの前にマットを置き、そこでゴロン。昨冬も我が家で一番暖かい場所を、キープしていました。

一時期の激しい痙攣が何日か続くようなことはなくなりましたが、周期的に痙攣やピクツキはあります。「ゴン太、まだまだ虹の橋を渡ったらダメ。18歳の誕生日に生クリームケーキとトンカツやでぇ……」と、さすりながら話しかけて……。

冬から春、時々軽い症状はありますが安定した日々が過ぎていきました。ところが、連休前になりまたもや夜間の痙攣が……サプリの効果が消えたのか……と。先生に相談して、座薬を

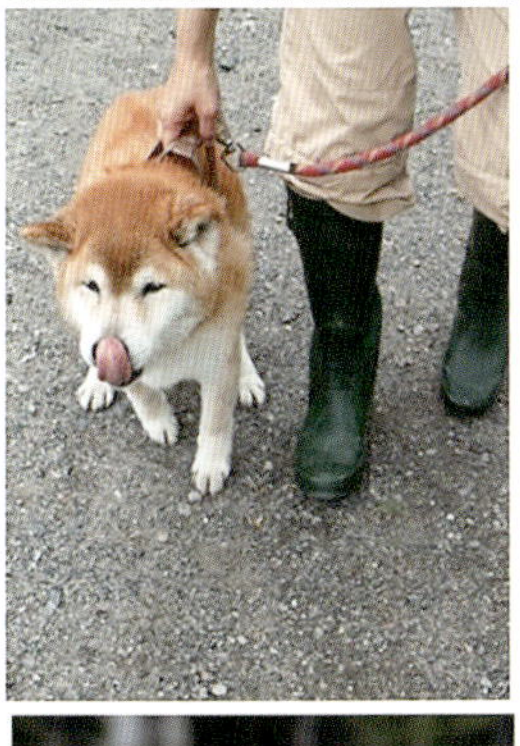

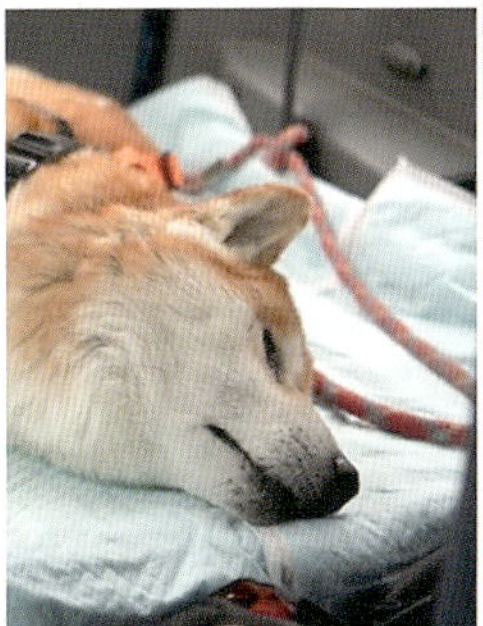

処方してもらいました。座薬、きつい薬なので、先生は「眠ったきりになるのでは……」と心配されていましたが、痙攣が治まってくると、またサプリだけでも眠れるようになりました。今は時々起きる夜中の痙攣にだけ座薬を半分に割って使うようにしています。そのおかげで、一時期のような、夜中に1時間ごとに起きての介護はなくなりましたが、毎日夜中に3回ぐらいは起きて、オシッコーシートを替えたり体位を替えたりと……昨年の9月過ぎからそんな毎日が続いています。

昨年の夏、急な暑さに対応できなく……それが寝たきりなり痙攣などの症状のきっかけになったのでしょうか。どうにかその時期を乗り越えて……だから、「今年の夏を乗り切ることは……」、そんな思いがありました。ところが、「ゴン太君、がんばりやぁ……」ではないでしょうが、今年は寒い日が8月初旬まで続き、おかげでゴン太君の体調管理には幸いしました。

「大阪だったら、ゴン太君、持たなかったやろう」と。確かに、奥山・朽木小川は、涼しく自然豊かな環境とそして、ゴン太が自由に歩き回れる木の家、ゴン太君の寿命を助けているんでしょう。

お盆が過ぎてからの残暑、昼間にチョッと気温が上がると「ハアハア」と口を開けています

が、涼しくなるにつれて治まってきています。1カ月ぐらいの周期で痙攣など体調が悪くなるようですが……。快食快……の生活スタイルは、寝たきりになっても変わらず。朝と夕、決まった時間に決まった量、パクパクおいしそうに食べ（スプーンで食べさせる）、水を飲んで（飲ませる）、その後はスヤスヤと。

そして今日、9月15日、18歳の誕生日を迎えました。もちろん、約束どおり「生クリームケーキ」と「トンカツ」の誕生日会です。「これからも元気で……」との思いは変わりませんが……でもいつかは……と。

時々起こる痙攣で「ウォー・ウォー」と言っている時は、「まだまだ虹の橋は渡らないのでは」と、僕は思っています。飼い主を選んだのもゴン太君。たぶん、虹の橋を渡る時期もゴン太君が、静かに決めるのでしょう。

51

雪ん子ゴン太

13年2月

　今年の冬は寒いのに雪が少ない、と父と母がおしゃべりしている。僕は寝てばかりだから、雪はわからないけど、時々父が長いことお出かけした時には、「寒いな～……早く帰ってきてほしいな……」と思う。

　この前、父が「ゴン太、雪がようやく積もったよ。天気よくなったから、お外に出ようか」と、僕を抱っこした。僕、別にお外に出なくてもいいんだけど……でも、母もついてくるし、仕方ない。

　父が雪の中に僕の足を立てた。アレッ、雪が体を支えているから、倒れない。冷たいけど気持ちいい。ソウダ！　僕は冷たい雪をなめなめしてみた。まだ歩き回っていた時、僕は雪を食べるのが大好き！だったんだ。思い出した。雪の中を走るのは気持ちよかったんだ。母は、雪の中を走り回る僕を見て、「すごい！　すごい！さすが、雪国の子だね」と喜んでいたし、父はすぐに「雪合戦！」と言いながら僕に雪の玉を投げつけてくるんだ。いじめだよ、困ったもんだ。でも、雪がいっぱい降る朽木の冬、僕は大好きだ。父が僕を連れてきてくれて、よかったよ。

寝たきり老犬・ゴン太くんとの奥山田舎暮らし

スヤスヤ朝寝の……「もう少し寝かしとこう」と思いながら台所仕事をしていると「ワ～オー」と雄叫びが……ゴン太くんデス。見に行くと、舌をペロペロと、「腹へった朝ごはんまだァ！」の主張です。寝ているだけなのに、そんなに腹減るん……と言いながら自家製ゴン太ご飯を用意します。まあ、食べない・水を飲めない状態になったら大変なんですがネ。

　僕の膝にまたがらせて体を支えながら、ゴムヘラで口元にご飯を持っていきます。「ペロペロ」とまずは確かめると、口を大きく開け……そこへ。そんな介助食事を、寝たきりになってから続けています。食べさせるときは、支えるのと口元に集中して、そして時々口からこぼれるご飯をヘラですくい取って、また口へ。時には、支えた膝が腹圧になり「大小」が我慢できなくなることもあるので、表情の観察も……そんな食事風景です。

　ご飯が終わると、油さし容器に入れた水＋ドリンクを飲ませます。気分がイイ時には、ご飯介助状態で口元に容器の先から「チューーー」と出してやると、水道蛇口で飲むように「ペロ

ペロ」と上手に飲みます。それか、寝かしてタオルを当てて口元をチョッと持ち上げてから、口へ「チューーー」デス。食事が終わってしばらくすると「大小」を。オシッコシートを変え体を拭いたり……ゴン太君は、スヤスヤと朝寝第2弾へ。

食べさせているとき「ゴン太くんどんな表情で食べているんかなぁ……」と言ったら、「おいしそうに食べてるでぇ」とのこと。1人の時は、デジカメショットできないので……携帯で撮ってもらうと、確かに、満足そうな「エヘ」顔でした。

「お天道さま差しているし……ゴン太くん雪上散歩を……」と。ゴン太くんは「僕イイ、寝ときたい」の感でしたが。

ゴン太くんを抱っこして、前の涅槃《ねはん》雪が積もった田んぼ雪原へ。足を入れる穴を作って、ゴン太くんを立たせます。寝ぼけ眼だったのですが、雪の冷たさで目が覚めたようです。すぐに雪の感触を思い出し、雪をペロペロと。なんせ、島根県出雲生まれのゴン太くんなので、雪は大好きです。寝たきりになる前は、この雪原を走り回っていましたヨ。やっぱり、雪は似合いますね、デジカメショットしてから、お家に帰りました。「今年の冬も、ゴン太くんと……」と、2人で喜んだ雪散歩でした。

窓越しに見ていると……酒屋のクーちゃんがお散歩へ。こちらは足取りも軽やかに。ゴン太くんと雪原散歩したところへ来ると、針畑街道から雪原に飛び乗り「クンクン」と。きっと「ゴン爺のニオイがする」なんでしょうネ。

マッキーの横でスヤスヤ寝ているゴン太くんを見ながら、「今年の夏も、去夏と同じように涼しかったらいいんだけど……そして、目指せ9月の19歳の誕生日……」と、朽木小川時間が過ぎていきます。

今日は、二十四節気の雨水《うすい》。「雪が雨に変わり、氷が融けて水になり……春の季語」、まさしくそんな雨日和になりました。軒先の氷柱《つらら》も勢いよく溶けて滴になって落ちていました。積もっている雪も、ベチャベチャのシャーベット状態、春スキーのゲレンデコンデションです。

最終号

さようなら、ありがとう

13年5月

父と母と一緒に養父のおじいちゃんの家に行った。赤ちゃんの頃、檻（犬専用ゲージ）に入れられて電車で連れて行ってもらってから、何回も行っているので、おじいちゃんの家は僕、大好き。いつもゴールデンウィークは氷ノ山に一緒に登るのが、僕たち3人の恒例行事だったんだ。母が両足の股関節の手術をしたからしばらくはお休みして、そしたら僕が歩けなくなってきて、とうとう去年は僕が発作を起こして夜中、騒ぐから……おじいちゃんのお家、行けなかった。でも僕、行きたかったんだ……だって、3人の大事なお休み行事、僕のためにお休みしちゃったから。

父は、「ゴン太、調子いいし、お薬持って行ったらいいから……行こうか」と言って養父まで僕を連れて行ってくれた。父と母は「ホントに久しぶりに氷ノ山の頂上まで行ってきたよ」って、僕に教えてくれた。でも僕、知ってたヨ。だって、ずっと2人が僕の話をしながら登っていたから……聞こえていたよ。僕、ず〜っと2人と一緒だって、わかったんだ、ヨカッタ。

今年は、いつまでも寒いって、父と母。きっと、今年の夏は暑いんだ……僕、耐えきれないよ。だから、父と母が一緒で、大好きなゴン太Ⅲ号に乗っている間に……と決めたんだ。養父からの帰り道、一緒にドライブで、父と母の話声を聞きながら、僕、虹の橋まで上って行ったんだ。

父と母、そして笑姉、今までありがとう。僕、とっても楽しかったよ。最初に笑姉を選んで本当によかったと思っている。お友達の皆さん、父と母をこれからもよろしくお願いします。僕がいなかったら、ホント困ったチャンのところのある2人だから、それだけが心配だから……。

STARS

■あとがき

いつかは、この日が来るとは思っていましたが……。亡くなった翌日の5月6日のブログをあとがきに代えて。

昨夜は、ゴンタ君の近くで寝ました。夜中に「オシッコシート変えて」の催促はありませんが、やはり決まった時間に目が覚めます。安らかな顔で眠っているようなので、ついつい口元に手を持っていきますが、息はありません。

いつもの時間に目覚めて、朝のお勤めを。そして朝チャイ……朽木小川時間が過ぎていきます。決まった時間になると舌をペロペロ、「とうちゃん朝ごはん、早く」の催促は、今朝からはなくなります。2人ともはれぼったい目をこすりながらの、朝チャイタイムです。

朝食をすませてから、裏庭にスコップなどを持って2人で向かいます。朝陽が最初に射し、日あたりがよく家が見下ろせる、エドヒガンザクラの下に土葬することにしました。この辺の地質、石が多いので掘るのに一苦労するかと思っていましたが、幸い大きな石もなくスムーズに掘ることができました。掘り終わると、掘った底に藁を敷き詰めます。

10時過ぎ、1台のワゴン車が止まりました。「朝、ブログを見てビックリしました……」と花を持ってきてくれました。あがってもらい、ゴン太君をナデナデもしてもらいます。皆さんからのコメントやメールを見るたびに、涙とゴン太との13年余りの朽木小川生活を思い出し……。

11時過ぎ、いただいた花や買ってきた花、それに庭の花で「送り花」を作ります。それと、ゴン太君に持たせるお弁当も。大好きなベビーチーズ、それに子供の日に食べさせる約束をしていたケーキ、犬用のマルボーロ。もちろん、自家製のゴン太ご飯などを弁当箱に詰めます。

土葬する前に、しばし膝の上でナデナデ。お昼過ぎ、ゴン太君を抱っこして……藁の上に今まで使っていたバスタオルを敷き、その上に横たえます。立っているときのように足をそろえて……。送り花を2人で添えます。

これまでゴン太君のデジカメショット、何カット撮ったでしょうか……数えきれません。送り花を添え、最後のデジカメショットを。お花に囲まれて、毛並みもきれいだし、本当に眠っているようなゴン太君でした。バスタオルで身体を包み込み、スコップで土を。庭の形のいい石をその上に置き、庭花を摘んでお線香とともに添えました。

しばらくしてから、京都のNさんが駆けつけてくれました。庭で積んだバラの花とようやく咲いた真っ赤なガーベラ、それにお線香。みんなゴン太くんの石の周囲に撒きました。土の中も、上も花でいっぱい。しばらくお茶タイムをしながら、ここ何日かのゴン太君のようすなど話していると、朽木大野の樹里さんから「用事で向かう」との電話。用事が終わって、樹里さんも手を合わせてくれました。

ゴン太君、僕と笑子をゴン太君が選びました。島根から3匹来ていたのですが、足元にまとわりついてきたのがゴン太君です。そして、大好きなゴン太号に乗って3人で養父通い。去年を除いて我が家のGWの恒例行事でした。昨年だけ、ゴン太君の調子が悪く、行かずじまい。ゴン太君、それが気になっていたのでしょうか……今年は行くことができ、安心したのか、自分で虹の橋を渡る決意をしたようです。

皆さん、本当にゴン太君を応援していただいて、ありがとうございました。死んだのは、5月5日、子供の日。「ボクは榊家の長男だ」を主張して、たぶん自分で旅立ちの日を決めたのでしょう。養父に連れて行かなかったらよかったのかな……とも思ったのですが、ゴン太君にしたら、大好きなゴン太号に乗り、元気な頃と同じような小旅行。そして、僕たちの話す声を聞きながら静かに息を引き取った……ヨカッタンダ、と。

コメントにメール、そしてお花を持って訪ねてくださったPGさんに、京都から庭のバラを摘んで土葬に駆けつけてくれたNさん。ゴン太君は、たくさんの皆さんに見送られて、幸せな犬生を終わることができました。お一人お一人に、お返事を書かなくてはいけないのですが……本当に、ありがとうございます。

父より

■出版にあたり

ぬくもりと、においと。


　朽木小川が大好きなゴン太は、愛されて、愛されて、虹の橋を渡った。家族の一員で相棒でもあったゴン太にレンズを向け続けた榊始さんの写真から感じられるのは「ぬくもり」である。

　ミニシアターと呼ばれる、大手の配給網にのらないアート系作品を上映する映画館がその昔、大阪・梅田の繁華街にあった。映画館の支配人だったのが当時30代半ばの榊さんだ。とっても都会のかおりのするお兄さんだった。

　でも、榊さんはゴム長靴もとってもお似合いだった。

　趣味の山登りをしているうち、旧朽木村の自然に魅せられたらしい。2000年、大阪から電車と車で2時間ほどかかる山里に小さな家を建て、ゴン太とともに移り住む。「こっちの山、歩きに来ない?」「田植え、手伝ってよ」。当時大阪にいた私は、よく声をかけていただいた。初めて家を訪ねた時、薪ストーブがあるのに驚いたことを覚えている。

　その後、縁あって大津に赴任した私は、朝日新聞の滋賀版にフォトエッセイを連載してほしいとお願いした。2005年秋に始まった「山里の風　朽木小川より」では、四季の移ろいや暮らしぶりをつづってもらった。1年続いた連載の1回目、「秋のぜいたく、ゴン太と」という見出しの記事に、田舎暮らしがいかにも長そうな、おじさんの写真が載っている。当時49歳。ゴム長靴をはいた榊さんは、ゴン太と並んで写真におさまり、うらやましくなるほどの笑顔をみせていた。

　ゴン太は連載で準主役級、いや主役級で何度も登場してくれた。「相棒ゴン太、もう12歳に」という見出しの記事が載ったこともある。その記事には「いつまでも一緒にいたい相棒です。長生きをしてほしいものです」

とあった。

キノコ汁に黒豆大豆味噌、サルナシやマタタビの果実酒……。渓谷の紅葉とともに山の恵みを堪能したら、朽木小川の冬はすぐそこだ。庭の雪かきや屋根の雪下ろしをしていると、やがて「まんず咲く」のマンサクが庭で咲き始めるのだとか。タラの芽やワラビなど山菜の季節に続き、水を張った田んぼでカエルがにぎやかに鳴き始める。5月下旬に植えた稲は夏の間に穂を垂れ始め、9月下旬にはもう稲刈りだ。デジカメを首から下げて、祭りや運動会など地元の行事にも顔を出す榊さんは結構忙しい毎日を過ごしている。

新聞に連載されたフォトエッセイを読み返しながら、すてきな「におい」のする生活だなと思った。榊さんが続けているブログ「デジカメ日記」(http://kutsukikog.exblog.jp/)も然り。榊さん宅の庭にあるピザ焼きの石窯のように、いいにおいが漂ってきて、心がほっこりしてくる。

寝たきり老犬になってからも、お誕生日をケーキで祝ってもらったゴン太は幸せ者だ。18歳を迎え、そして逝った。家族に囲まれて――。

北村哲朗(朝日新聞記者)

■著者紹介

榊　始（さかき・はじめ）

長崎県出身。子供を保育所に送るために、朝の遅い映画の仕事・大映大阪営業所に就職、その後、梅田日活地下劇場支配人などを経て、独立してアート系ミニシアター「シネマ・ヴェリテ」を立ち上げ、プロデュース。

妻の大学（社会人）入学を期に映画界と縁を切り、5年の主夫生活の後、この高島市朽木小川に山小屋を作り、愛犬ゴン太と共に番人として住み始めて14年目。2002年6月、デジカメを購入。毎日首にぶら下げ、シャッターチャンスを狙っている。

ボク、ゴン太！

—父と奥山暮らし　朽木《くつき》針畑郷《はりはたごう》より　ゴン太通信—

2014年4月10日　初版第1刷発行

写真・文　榊　始

発行者　岩根順子

発行所　サンライズ出版株式会社

〒522-0004
滋賀県彦根市鳥居本町655-1
電話 0749-22-0627
URL http://www.sunrise-pub.co.jp/

デザイン　オプティムグラフィックス

印刷・製本　P-NET信州

ISBN978-4-88325-531-3